环境微生物学实验技术

陈兴都　刘永军　主编

中国建筑工业出版社

图书在版编目（CIP）数据

环境微生物学实验技术/陈兴都，刘永军主编. —北
京：中国建筑工业出版社，2017. 11
ISBN 978-7-112-21226-2

Ⅰ.①环… Ⅱ.①陈… ②刘… Ⅲ.①环境微生物
学-实验-高等学校-教材 Ⅳ.①X172-33

中国版本图书馆 CIP 数据核字（2017）第 223068 号

本书针对高等学校环境类专业学生及环境工作者的实际需求，结合环
境学科对环境微生物学方法和技术发展的新需求，从最基本的微生物实验
室基础知识入手，在注重环境微生物实验基本操作技术的同时，力求详细
地介绍现代分子微生物学技术和显微技术，使读者能够由浅入深、系统全
面地理解和掌握环境微生物学实验技术的内在联系。在此基础上，增加了
环境微生物相关的综合性、研究性实验项目，培养综合实践能力、创新能
力和科学研究能力。

本书适用于高等学校环境工程、环境科学、给排水科学与工程、环境
监测专业本科生作教材使用，也可作为相关专业的研究生教材，并可供从
事污水处理及环境领域研究工作的人员参考。

责任编辑：石枫华　张　健
责任校对：王宇枢　李欣慰

环境微生物学实验技术

陈兴都　刘永军　主编

*

中国建筑工业出版社出版、发行（北京海淀三里河路 9 号）
各地新华书店、建筑书店经销
北京佳捷真科技发展有限公司制版
北京建筑工业印刷厂印刷

*

开本：787×1092 毫米　1/16　印张：10　插页：6　字数：264 千字
2018 年 1 月第一版　2018 年 1 月第一次印刷
定价：**46. 00 元**
ISBN 978-7-112-21226-2
(30866)

前　言

近年来，随着环境微生物学的迅猛发展，环境微生物学实验技术在水环境的监测保护与生态改善、污水生物处理与资源化利用、大气环境污染生物净化、土壤生态修复等方面发挥着重要作用，并受到越来越多的重视。环境微生物学实验技术具有很强的实践操作性，在掌握基本实验原理的基础上必须动手操作，且操作规范、结果正确，才能具备环境微生物实验所需要的实验素养和技能。同时，环境微生物学实验技术具有系统性、全面性的特点，需要从整体上理清不同操作技术的内在联系，理解环境微生物学实验技术与环境质量控制、环境污染物生物处理等实践应用的紧密联系，才能更好地将环境微生物实验技术运用于实践中。

《环境微生物学实验技术》的编写考虑到高等学校环境类专业学生及环境工作者的实际需求，结合环境学科对环境微生物学方法和技术发展的新需求，按照科研系统性原则，从最基本的微生物实验室基础知识入手，在注重讲解环境微生物实验基本操作技术的同时，详细地介绍了现代分子微生物学技术和显微技术，使读者能够由浅入深、系统全面地理解和掌握环境微生物学实验技术的内在联系。在此基础上，增加了环境微生物相关的综合性、研究性实验项目，培养综合实践能力、创新能力和科学研究能力。

全书分三个部分八个章节，共 43 个实验项目。第一部分为环境微生物学基础实验技术，包括微生物实验室常用设备如超净工作台、灭菌器的工作原理和使用方法，常用器皿的准备及使用方法，以及微生物分离、接种与培养技术、显微技术、微生物染色与观察技术等基本常规实验技术。附加的活性污泥生物相诊断图谱，将活性污泥中的菌胶团、原生动物和微型后生动物的形态结构通过实体显微照片直观呈现，同时辅以手绘图帮助观察者对观察到的生物进行种属鉴别。第二部分为微生物的生化及分子生物学特征测定实验技术，在微生物常规生理生化试验技术的基础上，利用现代分子微生物学实验技术，如 DNA 提取、PCR 扩增、DNA 测序及序列同源性分析、系统发育树构建、DGGE、FISH 等技术，能够对环境微生物进行更深层次的研究和探索。第三部分为环境微生物综合性、研究性实验，涉及环境微生物检测、环境毒理检测、酶活力检测、环境污染物微生物降解等应用性较强的实验项目，所编排实验项目的综合性和研究性依次增强，研究层面逐渐深入，技术水平要求和应用性越来越高。为巩固读者对实验的理解和掌握程度，提高其科学研究的技能和水平，每个实验都附加了思考题，以引起读者的注意和思考。附录部分列出环境微生物实验中常用的染色液、培养基配置方法，以便读者查阅。

本书为西安建筑科技大学 2015 年校级实验教材建设立项,由西安建筑科技大学国家级环境类专业实验教学示范中心陈兴都、刘永军主编,杨成建参与第八章部分实验及附录的编著,刘伟参与活性污泥生物相诊断图谱的拍摄、绘图及文稿校对等工作。感谢张爱宁、葛碧洲、蒋欣、苏含笑、胡静等在资料搜集方面所做的工作。此外还要感谢陕西师范大学旅游与环境学院吉铮在编写过程中提供的支持和帮助。本书编写过程中参考了国内外大量微生物实验技术方面的书籍、科研成果,并引用了其中的一些图片,在此一并表示感谢。

限于编者水平有限,书中难免有不妥之处,敬请专家和同仁批评指正。

目　　录

实验规则与安全

环境类微生物学实验课的目的是：训练学生掌握微生物学最基本的操作技能；了解微生物学的基本知识；加深理解课堂讲授的某些微生物理论。同时，通过实验培养学生观察、思考、分析问题、解决问题和提出问题的能力；养成实事求是、严肃认真的科学态度，以及敢于创新的开拓精神；树立勤俭节约、爱护公物的良好作风。

为了上好微生物实验课，保证实验安全，特提出如下注意事项：

1. 每次实验课前必须对实验内容进行充分预习，以了解实验目的、原理和方法，做到心中有数，思路清楚。

2. 上实验课要准备实验记录本。认真、及时做好实验记录，对于当时不能得到结果而需要连续观察的实验，则需记下每次观察的现象和结果，以便分析。

3. 实验室内应保持整洁，勿高声谈话和随便走动，保持室内安静。

4. 实验时小心仔细，全部操作应严格按操作规程进行，万一遇有盛菌试管或瓶不慎打破、皮肤破伤或菌液吸入口中等意外情况发生时，应立即报告指导教师，及时处理，切勿隐瞒。

5. 实验过程中，切勿使乙醇、丙酮等易燃药瓶接近火焰。如遇火险，在保证人身安全的情况下，应先关掉火源，再用湿布或沙土掩盖灭火。必要时使用灭火器。

6. 使用显微镜或其他贵重仪器时，要求细心操作，特别爱护。对消耗材料和药品等要力求节约，用毕后仍放回原处。

7. 每次实验完毕后，必须把所有仪器抹净放妥，将实验室收拾整齐，擦净桌面，如有菌液污染桌面或其他地方时，可用3%来苏尔液覆盖0.5h后擦去。凡带菌工具（如吸管、玻璃刮棒等）在洗涤前需浸泡在3%来苏尔液中进行消毒。

8. 每次实验需进行培养的材料，应标明自己的组别和处理方法，放于教师指定的地点进行培养。实验室中的菌种和物品等，未经教师许可，不得携出室外。

9. 每次实验的结果，应以实事求是的科学态度填入报告表格中，力求简明准确，认真回答思考题，并及时汇交教师批阅。

10. 离开实验室前请务必将手洗净，注意关闭火、电源、门窗、灯等。

第一部分 环境微生物学基础实验技术

第一章 微生物实验室常用器材

一、常用设备及使用方法

（一）消毒与灭菌设备

微生物实验需要对实验环境采取必要的消毒措施，对所用的实验器材及培养基等进行严格的灭菌处理，以保证实验工作顺利进行。消毒（disinfection）一般是指采用较温和的理化手段，杀死或除去特定环境中微生物营养体的过程。灭菌（sterilization）则是指采用强烈的理化因素，杀灭特定环境中的所有微生物的营养体、芽孢和孢子的过程。实验室常用的消毒与灭菌方法有加热（包括直接灼烧、干热、湿热灭菌等）、过滤、紫外照射和使用化学试剂等，消毒与灭菌的方法因对象不同而各异。实验室常用的消毒与灭菌设备有电热鼓风干燥箱、高压蒸汽灭菌器、超净工作台等。

1.电热鼓风干燥箱（干热灭菌）

（1）灭菌原理

干热灭菌通过将灭菌物品置于电热鼓风干燥箱内，通电加热，利用高温使微生物细胞内的蛋白质凝固变性而达到灭菌的目的。细胞内的蛋白质凝固性与其含水量有关，在菌体受热时，当环境和细胞内含水量越大，则蛋白质凝固就越快，反之含水量越小，凝固越慢。因此，与湿热灭菌相比，干热灭菌所需温度更高（160~170℃），时间更长（2h 左右）。电热鼓风干燥箱灭菌温度不能超过180℃，否则，烘箱内器皿的包扎纸或棉塞就会烤焦，甚至引起燃烧。电热鼓风干燥箱（图 1-1）是通过温度传感器来控制箱内的温度，采用热风循环系统（由能在高温下连续运转的风机和特殊风道组成），使工作室内温度均匀，而不会出现局部温度过高的现象。

（2）操作方法

① 样品放置：把需灭菌物品包扎好后放入干燥箱内，上下四周应留存一定空间，保持工作室内气流畅通，关闭箱门。

② 灭菌：接通电源，打开电热鼓风干燥箱的排气孔，开启鼓风开关，设定灭菌温度160℃，时间 2h，开始灭菌，温度升至 160℃后恒温 2h。

③ 降温：切断电源，自然降温。

④ 开箱取物：待电热鼓风干燥箱内温度降

图 1-1　电热鼓风干燥箱

到 70℃ 以下，打开箱门，取出灭菌物品放置备用。

（3）注意事项

① 玻璃器皿（如培养皿、吸管、涂布玻璃棒等）、金属用具（如镊子）等耐高温的物品可用此法灭菌。但液体、橡胶制品、塑料制品等不能使用干热灭菌法。

② 物品堆放不宜太紧、太满，以免影响热风循环，造成工作室内温度不均匀。

③ 干热灭菌过程中，要保证风机正常运行，避免局部温度过高出现烤焦或燃烧等现象。

④ 温度降到 70℃ 以下才能开箱取物，以免因温度过高时骤降导致玻璃器皿炸裂。

2. 高压蒸汽灭菌器（湿热灭菌）

（1）灭菌原理

在微生物实验教学和科学研究中，高压蒸汽灭菌法是应用最普遍、效果最好的一种湿热灭菌方法。高压蒸汽灭菌是在密闭的高压蒸汽灭菌器中进行的。将待灭菌的物体放置在盛有适量水的高压蒸汽灭菌器内，打开排气阀，将水加热煮沸而产生蒸汽，把灭菌器内部原有的冷空气彻底驱尽后关闭排气阀，使灭菌器密闭，再继续加热就会使锅内的蒸汽压逐渐上升，导致菌体蛋白质凝固变性而达到灭菌的目的。一般要求温度应达到 121℃（压力为 0.1MPa），时间 20min，即可达到良好的灭菌效果。也可采用在较低的温度（115℃，0.075MPa）下维持 35min 的方法。

湿热灭菌法比干热灭菌法更有效。在相同温度下，湿热的灭菌效力比干热灭菌好的原因是：①热蒸汽对细胞成分的破坏作用更强。水分子的存在更易使蛋白质变性凝固，随着蛋白质含水量增加，所需凝固温度会降低；②热蒸汽比热空气穿透力强，能更加有效地杀灭微生物；③蒸汽存在潜热，当水由气态转变为液态时可放出大量热量，故可迅速提高灭菌物体的温度，增加灭菌效力。

在使用高压蒸汽灭菌器灭菌时，灭菌器内冷空气的排除是否完全极为重要，因为空气的膨胀压大于水蒸气的膨胀压，所以当水蒸气中含有空气时，压力表所显示的压力是水蒸气压力和部分空气压力的总和，不是水蒸气的实际压力，它所对应的温度与灭菌器内的温度是不一致的。在同一压力下的实际温度，含空气的蒸汽低于饱和蒸汽。若不将灭菌器内的空气排除干净，就达不到灭菌所需的实际温度，便会造成灭菌不彻底，灭菌后仍有杂菌污染的现象出现。故必须将灭菌器内的冷空气完全排除，才能达到彻底灭菌的目的。

实验室中常见的高压蒸汽灭菌器有立式、卧式和手提式等几种（图 1-2），本实验介绍

(a) 手提式　　　　　　　(b) 立式　　　　　　　(c) 卧式

图 1-2　高压蒸汽灭菌器

立式高压蒸汽灭菌器的使用方法。

（2）操作方法

① 接通电源，观察蒸汽灭菌器水位指示灯（缺水/低水位/高水位），向灭菌器内添加适量蒸馏水至正常水位。

② 放入要灭菌的物品，关闭并拧紧灭菌器顶盖，打开排气阀。设定灭菌温度和时间，如温度121℃（压力0.1MPa），时间20min，开始灭菌。

③ 温度升至98~100℃时，排气阀开始大量排出水蒸气，计时排放6~10min，彻底排除灭菌器内空气，然后关闭排气阀。注意观察水位指示灯，若低水位灯亮，则应立即关闭排气阀，避免烧干损坏灭菌器。

④ 灭菌器的温度继续升温至121℃，开始20min灭菌倒计时。

⑤ 到预定灭菌时间后，灭菌器提示灭菌结束，此时可切断电源，让灭菌器自然降压，压力指针回"0"时，打开排气阀。

⑥ 揭开灭菌器顶盖，取出物品。若长时间不再使用灭菌器，应将剩余的水放掉，保持灭菌器干燥。

（3）注意事项

① 排气过程中注意观察水位指示灯，若低水位灯亮则应立即关闭排气阀，避免烧干而造成灭菌器损坏。

② 切勿在压力未降至"0"时，打开排气阀，否则会因为压力骤降，而造成培养基剧烈沸腾冲出管口或瓶口，浸湿棉塞，造成杂菌污染。

③ 灭菌过程中注意观察灭菌器温度和压力显示是否正常，若出现不正常情况，立即断电，打开排气阀并远离灭菌器。

3. 超净工作台（空气过滤及紫外灭菌）

在微生物实验中，一般小规模的接种操作，使用无菌接种箱或超净工作台即可。工作量大时使用无菌室进行接种等无菌操作。要求严格的或涉及致病微生物操作时，应在无菌室内配置超净工作台进行接种，避免造成可能的感染。本部分主要介绍超净工作台的使用方法。

（1）灭菌原理

超净工作台（图1-3）是一种供单人或多人操作的通用型局部净化设备，气流形式为垂直层流，它可造就局部高清洁度空气环境。超净工作台内部需要配置紫外线杀菌灯、高效过滤器等除菌设备，保证工作台内部无菌的高洁净的环境。

超净工作台工作原理是在特定的空间内，室内空气经初效过滤器初滤，由小型离心风机压入静压箱，再经空气高效过滤器二级过滤，从空气高效过滤器出风面吹出的洁净气流具有一定的和均匀的断面风速，可以排除工作区原来的空气，将尘埃颗粒和生物颗粒带走，以形成无菌的高洁净的工作环境（无菌风从工作台顶部吹入，从工作台底部吹出）。超净工作台顶置的紫外线杀菌灯，是利用适当波长的紫外线能够破坏微生物机体细胞中的DNA（脱氧核糖

图1-3　超净工作台

核酸）或 RNA（核糖核酸）的分子结构，造成生长性细胞死亡和（或）再生性细胞死亡，达到杀菌消毒的效果。

（2）操作方法

① 使用前清空超净工作台内杂物，用消毒试剂（75%酒精或来苏水）棉球彻底擦拭工作台面。然后放入酒精灯、接种环、试管架及无菌斜面、培养皿等必须物品。

② 在开始接种等操作前，用喷壶向工作空间喷洒消毒试剂（75%酒精或来苏水），进行消毒处理。关闭超净工作台的前玻璃，打开紫外灯，开启工作台风机，杀菌消毒处理时间约 20~30min 即可。风机速度不宜过大，以防空气流动，增加污染机会。消毒处理完毕后，关闭紫外灯，打开照明灯。

③ 实验操作前应用肥皂将手洗净，待干燥后再用消毒试剂（75%酒精）擦拭双手进行消毒处理。

④ 将工作台的前玻璃上抬约 20cm（不影响操作即可），点燃酒精灯，开始在工作台内进行接种等实验操作。操作最好在中央位置进行，操作完的物品应及时从超净工作台内取出，避免堆积过多造成内部空间污染。

⑤ 操做完成后，需要按照前述方法对超净工作台进行彻底的消毒处理后，关闭电源。

（3）注意事项

① 根据实际使用情况，初效过滤器清洗周期一般为 3~6 个月，空气高效过滤器使用寿命一般 1~2 年，到期应联系厂家拆下清洗或及时更换，保证超净工作台内部无菌高洁净的环境。

② 紫外线对眼黏膜、视神经及皮肤有损伤作用，接种操作时，切记关闭紫外灯。

③ 双手酒精消毒后，待酒精自然挥发至手干燥方可进行操作，切忌点火或在酒精灯上烘烤而灼伤双手。

（二）培养设备

1. 恒温培养振荡器

（1）工作原理

恒温培养振荡器是一种温度可控的恒温培养箱（或水浴槽）和振荡器相结合的生化仪器，根据加热方式不同，可分为气浴式（图 1-4（a））和水浴式（图 1-4（b））两种。现在主流产品多为微电脑控制，通过液晶显示屏显示转速、温度、震荡方式等各项参数。转速范围上限不超过 300r/min，温控范围上限一般不超过 50℃。震荡方式可分为回旋振荡（水平面上 360°旋转振荡）和往复式振荡两种。震荡的目的是通过震荡方式将空气中的氧

(a) 气浴式恒温培养振荡器　　　　　(b) 水浴式恒温培养振荡器

图 1-4　恒温培养振荡器

气溶入培养液中，为好氧微生物的培养提供充足的氧气。

（2）操作方法

① 将接种好的锥形瓶装入恒温培养振荡器万能弹簧瓶架上。为了使仪器工作时平衡性能好，避免产生较大的振动，装瓶时应将所有瓶位布满，各瓶的培养液应大致相等。若培养瓶不足数，可将锥形瓶对称放置或装入其他等量溶液的瓶布满空位。

② 接通电源，选择"设定"模式通过按键或旋钮设定培养所需转速、温度、震荡方式、时间等各项参数。微生物摇瓶培养一般选择回旋振荡方式，转速一般控制在 100~150r/min 范围内，温度一般控制在 30~37℃范围内。

③ 选择"测量"模式，开启振荡按钮，开始震荡培养。此时显示的温度为箱内实际温度和转速。

④ 培养结束，取出锥形瓶，关闭电源并清理机器，不能留有水滴、污物残留。

（3）注意事项

① 整机应放置在较牢固的工作台面上或平整干燥的地面上，环境应整洁无湿度，通风良好。

② 严禁在正常工作的时候移动机器。

③ 使用时必需接地，确保安全。

2. 恒温培养箱

（1）工作原理

恒温培养箱（图 1-5）一般用于好氧微生物的培养，目前多采用温度显示调节仪自动

控温，微电脑温度控制系统，具有定、计时功能，加热方式可分为气套式加热（电热）和水套式加热两种，两种加热系统都是精确和可靠的。水套式加热是通过一个独立的水套层包围内部的箱体来维持温度恒定的，其优点：水是一种很好的绝热物质，当遇到断电的时候，水套式系统就可以比较长时间的保持培养箱内的温度准确性和稳定性，有利于实验环境不太稳定（如有用电限制或经常停电）的用户选用。气套式与水套式相比，具有加热快、温度的恢复比水套式培养箱迅速的特点，特别有利于短期培养以及需要箱门频繁开关取放样的培养。

图 1-5　恒温培养箱

（2）操作方法

恒温培养箱操作相对简单，将需要培养的试管斜面或培养皿等待培养物放入箱内，根据实际需要设定培养温度和培养时间即可。

（3）注意事项

① 整机应放置在较牢固的工作台面上或平整干燥的地面上，环境应整洁无湿度，通风良好。

② 使用时必需接地，确保安全。

二、常用器皿及使用方法

（一）培养皿的使用

培养皿（图 1-6）是一种用于微生物或细胞培养的玻璃器皿，一套培养皿由一个平面

圆盘状的底和一个盖组成。培养皿可选尺寸范围较多（皿底直径 35~150mm），一般选择皿底直径 90mm、高 15mm 的培养皿较常见。

图 1-6　培养皿

1. 清洗晾干

培养皿一般用玻璃或塑料制成，质地脆弱、易碎，故在清洗及拿放时应小心谨慎、轻拿轻放。清洗装有固体培养基的培养皿时，先用玻璃棒或药勺等将皿内的培养基刮下。若培养基已干燥，可将培养皿放在沸水中加热使琼脂溶化，趁热倒出琼脂。然后用合适的毛刷蘸取干去污粉和洗衣粉的混合物，轻柔刷洗掉污物，不要留死角。然后用清水冲洗干净，最后再用蒸馏水洗 2~3 次。洗净的培养皿盖或底全部朝下，后一个培养皿斜压前一个的皿边，扣在桌子上晾干备用。

2. 包扎

包扎的目的是防止器皿消毒灭菌后再次受到污染。培养皿常用旧报纸紧密包扎，一般以 4~10 套培养皿为一包，具体包扎方法见图 1-7。包扎后的培养皿经过灭菌才可使用。

（二）移液管（器）的使用

微生物实验室一般要准备 1mL、5mL、10mL 刻度的移液管（玻璃吸管）或不同量程的微量移液器（图 1-8）。微量移液器根据需要调节相应的容积即可，用完只需调换吸头，将吸嘴洗净后消毒灭菌可再次使用。

1. 移液管的清洗

移液管用完应立即清洗，以免干燥后难以洗净。

2. 移液管的包扎

在吸管的上端约 0.5cm 处，用掰直的回形针向内塞上一小段棉花（约 2cm），以免使用时将杂菌吹入或不慎将微生物吸出管外。棉花要塞的松紧适度，不宜过紧或过松，过紧吹吸液体太费力，过松吹气时棉花会下滑。将旧报纸撕成 2cm 左右宽的长条，然后将每支移液管尖斜放在旧报纸条的一端，移液管与报纸条呈 45°夹角，折叠纸条，包住尖端。再将整支移液管螺旋状卷入报纸，剩余报纸条打结（图 1-9）。包扎好的移液管可进行干热灭菌。

（三）试管的包扎

1. 试管的清洗

微生物实验根据用途不同，可准备 3 种型号试管。大试管（18mm×180mm）可盛装倒培养皿用的培养基；中试管（15mm×150mm）做琼脂固体斜面、盛液体培养基或血清学试验等用途；小试管（10mm×100mm）一般用于糖发酵试验或血清学试验。装溶液的试管用完立即清洗干净即可。若是固体斜面试管，使用完后需要先用勺子或试管刷的柄部将固体培养基刮出，然后用毛刷蘸上去污粉清洗干净管壁。若管壁外有马克笔标记（接种后一般不建议贴标签纸，而是用马克笔直接在试管外壁标明菌种名称、接种时间等内容，利于清洗），可用酒精溶液擦拭干净。

2. 试管的包扎

先塞上合适的棉塞或硅胶塞子（1/2~1/3 塞入试管），然后 7~10 支一捆，用报纸包扎试管口段，用棉线绑好后，可放入试管篮中，湿热灭菌。

第1步　将培养皿放于报纸中央

第2步　将报纸紧贴皿壁向上折起，在顶部交叉

第3步　贴皿壁按下，形成凹槽

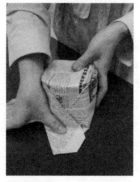

第4步　将凹槽两侧纸贴壁十字交叉

第5步　两侧对折后，将伸出部分折入底部

第6步　完成包扎

图 1-7　培养皿的包扎过程

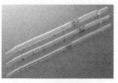

(a) 移液管

(b) 微量移液器

(c) 微量移液器吸头

图 1-8

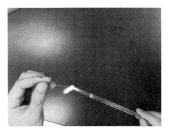

第1步　脱脂棉塞入吸管约2cm

第2步　折叠报纸将吸管尖端包住

第3步　以螺旋式在桌面搓转吸管，
至报纸条全部卷成圆柱状

第4步　将吸管顶端报纸打成环状

第5步　拉紧报纸环扣打成结

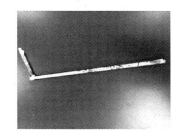

第6步　包扎完毕

图 1-9　移液管的包扎

（四）锥形瓶的包扎

1. 锥形瓶的清洗

微生物实验中，锥形瓶常用于装固体或液体培养基，容量 250mL 较为常用。盛装液体的锥形瓶用完立即清洗干净即可。若是盛装固体培养基，使用完后需要先用勺子或试管刷的柄部将残余固体培养基刮出，然后用毛刷蘸上去污粉清洗干净瓶壁。

2. 锥形瓶的包扎

塞上合适的棉塞（或硅胶塞），或盖上 8 层左右的纱布，再在瓶口加盖 2 层报纸，用棉绳包扎（图 1-10），然后湿热灭菌。

（五）双层瓶

由内外 2 个玻璃瓶组成（图 1-11），内层小锥形瓶盛放香柏油，供油镜观察微生物时使用，外层瓶盛放二甲苯，用以擦净油镜头。

（六）载玻片与盖玻片

普通载玻片（a）大小为 75mm×25mm，用于微生物涂片、染色观察等。盖玻片为 18mm×18mm。凹玻片是在一块厚玻片的中间有一个圆形凹窝（c），用于悬滴观察活细胞及微室培养等用途。

第1步　报纸包好后用大拇指压住绳头　　第2步　第一圈绕大拇指，第二圈以后绕瓶口

第3步　继续绕瓶口缠绕　　第4步　左手大拇指稍微翘起，将绳尾端压在环中

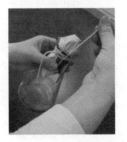 

第5步　右手拉紧起始线头　　　　　　第6步　包扎完毕

图 1-10　锥形瓶的包扎

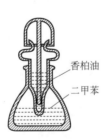

图 1-11　双层瓶

 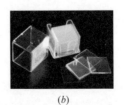 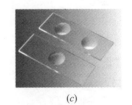

(a)　　　　　　　　　　(b)　　　　　　　　　　(c)

图 1-12　(a) 普通载玻片；(b) 盖玻片；(c) 凹玻片

（七）接种工具

接种工具有接种环、接种针、接种钩、接种铲、玻璃涂布器等（图1-13）。制作环、针、钩、铲的金属可用铂或镍，原则是软硬适度，能经受火焰反复灼烧，又易冷却。细菌和酵母菌用接种环或接种针，铂丝或镍丝直径0.5mm为宜，环的内径约为2mm。接种某些不易和培养基分离的放线菌和真菌时，需要用接种钩或接种铲，铂丝或镍丝直径粗些为宜（约1mm）。涂布器是将玻璃棒烧红后弯曲而成，用于涂布法分离单菌落操作中。

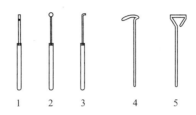

图1-13　接种工具

1—接种针；2—接种环；3—接种钩；4、5—玻璃涂布器

第二章　微生物分离与培养技术

实验一　培养基的制备与灭菌

一、实验目的

1. 了解微生物培养基的种类及配制原理。
2. 掌握培养基的配制、分装及灭菌方法，掌握各类物品的包装和灭菌方法。

二、实验原理

培养异养细菌最常用的培养基是牛肉膏蛋白胨培养基（普通培养基）。培养基的种类很多，根据营养物质的来源不同，可分为天然培养基、合成培养基和半合成培养基等。天然培养基适合于各类异养微生物生长；合成培养基适用于某些定量工作的研究，因为用它可减少一些研究中不能控制的因素。但一般微生物在合成培养基上生长较慢，有些微生物的营养要求复杂，在合成培养基上有时甚至不能生长。多数培养基配制是采用一部分天然有机物作碳源、氮源和生长因子的来源，再适当加入一些化学药品，这叫半合成培养基。其特点是使用含有丰富营养的天然物质，再补充适量的无机盐，能充分满足微生物的营养需要，大多数微生物都能在此培养基上生长。本实验配制的培养基就属此类。本实验除了配制几种常用微生物培养基以外，还必须准备各种无菌物品，包括培养皿、移液管的包装，稀释水的准备等。

三、实验材料与器皿

（一）试剂

牛肉膏、蛋白胨、NaCl、伊红美蓝琼脂（EMB）、黄豆芽、蔗糖、$NaNO_3$、K_2HPO_4、$MgSO_4 \cdot 7H_2O$、KCl、$FeSO_4$、琼脂、pH 试纸、NaOH 和 HCl 等。

（二）器皿材料

培养皿、试管、锥形瓶、烧杯、量筒、移液管、玻璃棒、牛角匙、牛皮纸、记号笔、麻绳、棉花、纱布、石棉网、铁架台等。

（三）仪器设备

高压蒸汽灭菌器、电热鼓风烘箱、电子天平、电炉等。

四、实验方法和步骤

（一）培养基配方

1. 牛肉膏蛋白胨固体培养基（培养细菌）

牛肉膏	3g	蛋白胨	10g

| NaCl | 5g | 琼脂 | 15g |
| 蒸馏水 | 1000mL | pH | 7.0~7.2 |

2. 伊红美兰固体培养基（水中大肠杆菌测定实验）

| 伊红美蓝琼脂（EMB）42.5g | | 蒸馏水 | 1000mL |

3. 豆芽汁蔗糖培养基（培养酵母菌）

黄豆芽	100g	蔗糖	50g
水	1000mL	琼脂	20g
pH	自然		

称量新鲜豆芽100g，放入烧杯中，加水1000mL，煮沸约30min，用纱布过滤。用水补足原量，再加入蔗糖50g、琼脂20g，煮沸溶化。

4. 查氏培养基（培养霉菌）

$NaNO_3$	3g	K_2HPO_4	1g
$MgSO_4 \cdot 7H_2O$	0.5g	KCl	0.5g
$FeSO_4$	0.01g	蔗糖	30g
琼脂	20g	蒸馏水	1000mL
pH	自然		

（二）培养基的配置与湿热灭菌

1. 称量

用量筒取少于总量的蒸馏水于烧杯中，按培养基配方称取各种药品，逐一加入水中，搅拌溶解。

2. 加热溶解

将烧杯放在电炉的石棉网上，用文火加热，并注意搅拌，待所有药品溶解后再补充水分至需要量。

3. 调节 pH

一般刚配好的培养基是偏酸性的，故要用1mol/L的NaOH调至所需pH值。调pH值时应缓慢加入NaOH，边加边搅拌，并不时地用pH试纸测试。

4. 分装

（1）分装锥形瓶，其装量一般不超过锥形瓶总容量的2/5（250mL锥形瓶装液量100mL为宜），若装量过多，灭菌时培养基沸腾易沾污棉塞而导致染菌。

（2）分装试管，将培养基趁热加至漏斗中（图2-1）。分装时左手并排地拿数根试管，右手控制弹簧夹，将培养基依次加入各试管。用于制作斜面培养基时，一般装量为试管高度（15×150mm）的2/5为宜。分装时应谨防培养基沾在管口上，否则会使棉塞沾上培养基而造成染菌。

图2-1　分装试管

5. 加棉塞、包扎

若为固体培养基，将锥形瓶塞上合适的棉塞或硅胶塞子，若是液体培养基则在瓶口盖上8层左右的大小合适的方形纱布，然后在瓶口加盖2层方形报纸，用棉绳捆扎好（详见第一章　锥形瓶的包扎）。

6. 灭菌及摆斜面

检查高压蒸汽灭菌锅内水位情况，加水至规定水位。将灭菌物品依次堆放在高压蒸汽灭菌锅内，打开电源，盖上灭菌锅盖。设定灭菌条件：121℃（0.105MPa），15~20min，开始灭菌。灭菌结束后，待显示器上压力接近零时，打开排气阀门，待内外气压一致后打开灭菌锅盖取出物品，关上电源。

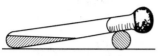

图 2-2　摆放斜面

灭菌后如需制成斜面培养基，取出后带上线手套，立即将试管搁置成一定的斜度，静置至培养基凝固即可（图 2-2）。

（三）无菌水的制备

将 90mL 蒸馏水加入 250mL 的锥形瓶中，并放入约 30 颗玻璃珠，塞上棉塞后包扎。将 9mL 蒸馏水加入试管（18mm×180mm）中，塞上棉塞后将试管包扎在一起。121℃（0.105MPa），灭菌 15~20min。

（四）常用器皿的包扎及干热灭菌

按照"第一章　常用器皿及使用方法"包扎好培养皿及移液管，依次堆放到鼓风电热烘箱中。设定灭菌条件：温度 160℃、时间 2h。打开风机，开始灭菌。灭菌结束后待物品冷却后再取出。

五、实验报告

思考题

1. 培养基配好后，为什么必须立即灭菌？如何检查灭菌后的培养基是无菌的？
2. 在配制培养基的操作过程中应注意些什么问题？为什么？
3. 培养微生物的培养基应具备哪些条件？为什么？
4. 培养基的配制原则是什么？

实验二　微生物的分离与纯化

一、实验目的

1. 学习从环境（土壤、水体、活性污泥、垃圾、堆肥）中分离培养细菌的方法，掌握几种细菌纯培养技能。
2. 掌握无菌操作基本环节。

二、实验原理

环境中生活的微生物无论数量和种类都是极其多样的，将其作为开发利用微生物资源的重要基地，我们可以分离、纯化到许多有用的菌株。

平板分离法操作简便，普遍用于微生物的分离和纯化，基本原理包括两个方面：

1. 选择适合于待分离微生物的生长条件，如营养、酸碱度、温度和氧等要求或加入某种抑制剂造成只利于该微生物生长，而抑制其他微生物生长的环境，从而淘汰一些不需要的微生物，再用稀释涂布平板法、稀释混合平板法或平板划线分离法等分离、纯化得到纯菌株。

2. 微生物在固体培养基上生长形成的单个菌落是由一个细胞繁殖而成的集合体，因此可以通过挑取单菌落而获得纯培养菌株。获取单个菌落的方法可通过稀释涂布平板或平板划线等技术完成。

从微生物群体中经分离生长在平板上的单个菌落并不一定保证是纯培养。因此，纯培养的确定除观察菌落特征之外，还要结合显微镜检测个体形态特征后才能确定，有些微生物的纯培养要经过一系列的分离纯化过程和多种特征鉴定才能得到。

三、仪器和材料

（一）实验材料
活性污泥、大肠杆菌。

（二）培养基
牛肉膏蛋白胨培养基、牛肉膏蛋白胨培养基斜面。

（三）实验器材
9mL 无菌水的试管、无菌玻璃涂棒、无菌移液管、无菌培养皿、接种环、酒精灯、恒温培养箱等。

四、实验方法

（一）细菌纯种分离的操作方法

1. 稀释涂布平板法

（1）倒平板

将培养基加热融化，待冷至 55～60℃ 时，混合均匀后倒平板（图 2-3）。

图 2-3 倒平板

（2）制备活性污泥稀释液

将污水厂取回的活性污泥震荡均匀，用一支无菌吸管从中吸取 1mL 活性污泥加入装有 9mL 无菌水的试管中，吹吸 3 次，让菌液混合均匀，即成 10^{-1} 稀释液；再换一支无菌吸管吸取 10^{-1} 稀释液 1mL，移入装有 9mL 无菌水的试管中，也吹吸三次，即成 10^{-2} 稀释液；以此类推，连续稀释，制成 10^{-1}、10^{-2}、10^{-3}、10^{-4}、10^{-5}、10^{-6} 等一系列稀释菌液（图 2-4）。

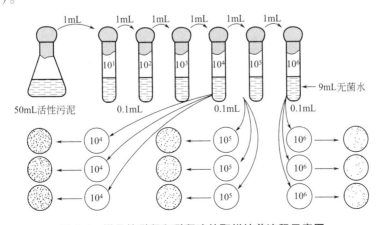

图 2-4 样品的稀释和稀释液的取样培养流程示意图

（3）涂布

将无菌平板编上 10^{-4}、10^{-5}、10^{-6} 号码，每一号码设置 3 个重复，用无菌吸管按无菌操作要求吸取 10^{-6} 稀释液各 1mL 放入编号 10^{-6} 的 3 个平板中，同法吸取 10^{-5} 稀释液各 1mL 放入编号 10^{-5} 的 3 个平板中，再吸取 10^{-4} 稀释液各 1mL 放入编号 10^{-4} 的 3 个平板中（由低浓度向高浓度时，吸管可不必更换）。再用无菌玻璃涂棒将菌液在平板上涂抹均匀，每个稀释度用一个灭菌玻璃涂棒，更换稀释度时需将玻璃涂棒灼烧灭菌。在由低浓度向高浓度涂抹时，也可以不更换涂棒。

（4）培养

在 28℃ 条件下倒置培养 2~3d。

（5）挑菌落

将培养后生长出的单个菌落分别挑取少量细胞划线接种到平板上。28℃ 条件下培养 2~3d 后，再次挑单菌落划线并培养，检查其特征是否一致，同时将细胞涂片染色后用显微镜检查是否为单一的微生物，如果发现有杂菌，需要进一步分离、纯化，直到获得纯培养。

2. 平板划线分离法

（1）倒平板

将培养基加热融化，待冷至 55~60℃ 时，混合均匀后倒平板。用记号笔在皿盖上标明培养基名称、编号和实验日期等。

（2）划线

在近火焰处，左手拿皿底，右手拿接种环，挑取上述 10^{-1} 的活性污泥稀释液一环在平板上划线。划线的方法很多，但无论采用哪种方法，其目的都是通过划线将样品进行稀释，使之形成单个菌落。常用的划线方法有下列两种（图 2-5）：

① 用接种环以无菌操作挑取活性污泥稀释液一环，先在平板培养基的一边作第一次平行划线 3~4 条，再转动培养皿约 70°角，并将接种环上剩余物烧掉，待冷却后通过第一次划线部分作第二次平行划线，再用同样的方法通过第二次划线，部分作第三次划线和通过第三次平行划线部分作第四次平行划线。划线完毕后，盖上培养皿盖，倒置于温室培养。

② 将挑取有样品的接种环在平板培养基上作连续划线。划线完毕后，盖上培养皿盖，倒置于温室培养。

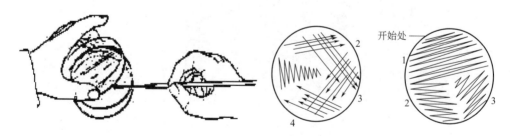

图 2-5　平板划线分离示意图

（3）培养观察

划线后的平板在 37℃ 恒温箱中倒置培养 24~48h。取出平板，从以下几个方面来观察不同细菌的菌落：

大小：以 "mm" 计。

形状：圆形、不规则形、放射状等。

表面：光滑、粗糙、圆环状、乳突状等。

边缘：整齐、波形、锯齿状等。

色素：有无色素、颜色，是否可溶（可溶色素使培养基着色）等。

透明度：透明、半透明、不透明。

（4）挑菌落

将培养后生长出的单个菌落，分别挑取少量细胞划线接种到平板上。37℃恒温箱中倒置培养24~48h后，再次挑取单菌落划线并培养，检查其特征是否一致，同时将细胞涂片染色后用显微镜检查是否为单一的微生物，如果发现有杂菌，需要进一步分离、纯化，直到获得纯培养。

五、实验报告

（一）结果记录

记录并描绘平板纯种分离培养、斜面接种的微生物生长情况和培养特征。

（二）思考题

1. 如何确定平板上某单个菌落是否为纯培养？请写出实验的主要步骤。

2. 分离一种对青霉素具有抗性的细菌，应如何设计实验？

实验三　接种与无菌操作技术

一、实验目的

1. 掌握无菌操作技术和无菌操作概念。

2. 掌握几种接种方法和培养技术。

二、实验原理

在微生物的研究应用中，不仅需要通过分离纯化技术，从混杂的天然微生物群中分离出特定的微生物，而且还必须随时注意保持微生物纯培养物的免受污染，防止其他微生物的混入。在分离、转接及培养纯培养物时，防止其被其他微生物污染的技术被称为无菌技术，是保证微生物学研究正常进行的关键。无菌操作技术是微生物实验的必备技能。接种过程中需要全程保持无菌操作环境，操作动作要规范，避免污染。超净工作台等环境条件要保持无污染状态。无菌操作要点是在火焰附近进行熟练的无菌操作，在接种箱或无菌室内的无菌环境下进行操作。接种箱或无菌室内的空气可在使用的前一段时间内，用紫外光灯或化学药剂灭菌，有的无菌室通过无菌空气保持无菌状态。

接种技术是微生物学实验及研究中的一项最基本的操作技术。根据不同的实验目的及培养方式，可以采用不同的接种工具和接种方法。常用的接种工具有接种针、接种环、接种铲、无菌玻璃涂棒、无菌移液管、无菌滴管或移液器等，接种环和接种针一般采用易于迅速加热和冷却的镍铬合金等金属制备，使用时用火焰灼烧灭菌。常用的接种方法有斜面接种、液体接种、穿刺接种技术等。

三、仪器和材料

1. 实验材料

大肠杆菌、枯草芽孢杆菌。

2. 培养基/试剂

牛肉膏蛋白胨斜面培养基、牛肉膏蛋白胨液体培养基、半固体牛肉膏蛋白胨培养基、75%酒精溶液。

3. 实验器材

超净工作台、接种环、接种针、无菌吸管、酒精灯、培养箱、摇床等。

四、实验步骤

（一）斜面接种

斜面接种技术是将斜面培养基（或平板培养基）上的微生物接种到另一支无菌斜面培养基上的方法。斜面接种法主要用于接种纯菌，使其增殖后用以鉴定或保存菌种。

（1）接种前将桌面擦净，将所需物品整齐有序地放在桌上。

（2）点燃酒精灯。

（3）将一支斜面菌种与一支待接种的斜面培养基持在左手拇指、食指、中指及无名指之间，菌种管在前，接种管在后，斜面向上管口对齐，应斜持试管呈45°角，注意不要持成水平，以免试管管底的凝集水浸湿培养基表面。以右手在火焰旁转动两只试管棉塞，使其松动，以便接种时易于取出。

（4）右手持接种环柄，将接种环垂直放在火焰上灼烧。镍铬丝部分（环和丝）必须烧红，以达到灭菌目的，然后将除手柄部分的金属杆全用火焰灼烧一遍，尤其是接镍铬丝的螺口部分，要彻底灼烧以免灭菌不彻底。用右手的小指和手掌之间及无名指和小指之间拔出试管棉塞，将试管口在火焰上通过，以杀灭可能沾染的微生物。棉塞应始终夹在手中，如掉落应更换无菌棉塞。

（5）将灼烧灭菌的接种环插入菌种管内，先接触无菌苔生长的培养基或管壁上，待冷却后再从斜面上刮取少许菌苔取出，接种环不能通过火焰，应在火焰旁迅速插入接种管，在试管中由下往上做Z形划线（图2-6）。接种完毕，接种环应通过火焰抽出管口，并迅速塞上棉塞。再重新仔细灼烧接种环后，放回原处。将接种管贴好标签或用记号笔标记后再放入试管架，即可进行培养。

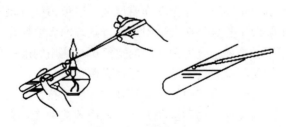

图2-6　斜面接种示意图

（二）液体接种

多用于增菌液进行增菌培养，也可用纯培养菌接种液体培养基进行生化试验，其操作方法与注意事项与斜面接种法基本相同，仅将不同点介绍如下：

由斜面培养物接种至液体培养基时，用接种环从斜面上沾取少许菌苔，接至液体培养基时，应在管内靠近液面试管壁上将菌苔轻轻研磨并轻轻振荡，或将接种环在液体内振摇几次即可。如接种霉菌菌种时，若用接种环不易挑起培养物时，可用接种钩或接种铲进行。

由液体培养物接种液体培养基时，可用吸管、移液管或移液器吸取培养液移至新液体培养基即可（图2-7）。也可根据需要用接种环或接种针沾取少许液体移至新液体培养基即可。

（三）穿刺接种

用接种针挑取菌落（针必须挺直），自培养基的中心垂直地刺入半固体培养基中，直至接近管低，但不要穿透，然后沿着原穿刺线路将针拔出，塞上试管塞，灼烧接种针（图2-8）。

 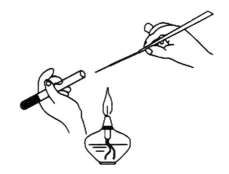

图2-7　用移液管进行液体接种　　　　　图2-8　穿刺接种

五、实验报告

（一）结果记录

记录并描绘斜面接种的微生物生长情况和培养特征。

（二）思考题

（1）试述微生物接种如何能够保证没有污染。

（2）无菌操作应该注意什么？谈谈你的实验体会。

实验四　微生物的纯培养技术

一、实验目的

1. 学习几种微生物好氧与厌氧培养技术。

2. 熟悉不同培养技术在对应的微生物中的应用。

二、实验原理

微生物的纯培养指只在单一微生物种类存在的状态下所进行的培养。由于研究目的和研究的微生物对象不同,所涉及的微生物纯培养技术也会有所差别。对于好氧微生物需要提供充足的氧气进行培养,而厌氧微生物则需要在无氧的条件下培养。根据培养目的不同,微生物可大概分为固体纯培养和液体纯培养。

好氧微生物在自然界中分布广泛,种类繁多,例如大多数细菌、放线菌、霉菌、酵母菌、藻类、原生及微型后生动物等,都需要在有氧环境中生长繁殖,氧化有机物或无机物,以分子氧为最终电子受体,进行有氧呼吸。液体的好氧培养一般通过不同溶氧方式,如搅拌、通气、摇瓶等,将空气中的氧气溶入培养液中,使液体内氧气充足。液体好氧培养技术有震荡(摇瓶)培养、通气培养等方法,如果需要大量微生物细胞或代谢产物等时,就需要进行更大量的培养,如发酵罐纯培养、流化床纯培养等。好氧固体纯培养技术除常见的固体斜面和平板培养技术外,还有载片培养法、插片培养法等固体纯培养技术。

厌氧微生物在自然界中也广泛分布,其在环境污染防治中的作用也日益引起重视。厌氧微生物纯培养技术的关键是要使该类微生物处于除去了氧或氧化还原势低的环境中,即造成无氧的培养环境或在培养基内造成缺氧条件,微生物在此环境中进行厌氧呼吸,最终电子受体可为 NO_3^-、NO_2^-、SO_4^{2-}、$S_2O_3^{2-}$、CO_2 等外源含氧无机化合物或金属和少数有机分子组分(如 Fe^{3+}、SeO_4^{2-})。添加还原剂将环境或培养基中氧气吸收,或者利用还原性物质降低氧化还原电位的厌氧培养方法主要有李伏夫(B. M. Jibbob)法、焦性没食子酸法。而通过密封、抽气、置换等方法,驱除或隔绝环境及培养基中氧气,使其形成厌氧培养环境的方法主要有高层琼脂柱法、加热密封法、厌氧罐法、真空干燥法等。此外,还可采用厌氧菌与好氧菌共同培养的方法,造成无氧环境进行厌氧培养。

三、仪器和材料

(一)好氧微生物纯培养

1. 实验材料

大肠杆菌、青霉、酵母菌。

2. 培养基

不同用途的液体培养基、固体斜面等材料。

3. 实验器材

恒温培养箱、恒温培养振荡器、通气搅拌培养装置、发酵罐等仪器。

(二)厌氧微生物纯培养

1. 实验材料

巴氏芽孢梭菌(巴氏固氮梭状芽孢杆菌,*Clostridium pasteurianum*)、荧光假单胞菌(*Pseudomonas fluorescens*)。

2. 培养基/试剂

牛肉膏蛋白胨琼脂培养基、小试管牛肉膏蛋白胨琼脂斜面、焦性没食子酸、棉花、10% NaOH、灭菌的石蜡凡士林(1∶1)。

3. 实验器材

真空干燥器、厌气培养罐、催化剂袋、氢气钢瓶供气装置、氮气钢瓶供气装置等。

四、实验步骤

（一）好氧微生物纯培养

1. 固体好氧培养法（固体斜面和平板纯培养）

在平板上进行微生物的分离与纯化操作后（参照实验二），在平板皿盖上标记菌种名称、接种日期等信息后，倒置放入培养箱中，按照要求培养后观察并记录结果。

进行固体斜面接种后（参照实验三），标记菌种名称、接种日期等信息后，放入试管架，再放入培养箱中培养，观察培养结果是否理想。

不同微生物的培养温度和培养时间有所不同，具体见表2-1。

不同微生物的培养方法　　　　　　　　　　　　　　　　表 2-1

类别	培养基	培养温度（℃）	培养时间（h）
细菌	牛肉膏蛋白胨培养基	30~37	24~48
放线菌	高氏 1 号培养基	28~30	72~120
酵母菌	麦芽汁或豆芽汁培养基	28~30	24~72
霉菌	查氏培养基或马铃薯（PDA）培养基	28~30	72~120

2. 液体好氧培养法

（1）静置培养法

即接种后的液体静置不动，本方法一般适用于浅层液体的兼性厌氧微生物培养。可用试管或者锥形瓶接种，即用接种环取一环斜面菌种，接种到装有 10mL 液体培养基的中试管（15mm×150mm）中，摇匀，标记后放入试管架，再放入培养箱中培养；或接种到装有 100~150mL 液体培养基的 250mL 锥形瓶中，摇均匀，标记后再放入培养箱中培养。定时观察微生物有无增殖及其他一些培养特征，如产酸产气等。锥形瓶由于其液层薄，表面积大，效果比试管好。

（2）振荡（摇瓶）培养

恒温振荡培养是微生物液体培养的常用且有效的培养方法，通过振荡旋转培养液的方式，使液体充氧，保障好氧微生物的正常增殖。对细菌、酵母菌等单细胞微生物进行振荡培养，可以获得均匀的细胞悬浮液。而对霉菌等丝状真菌进行振荡培养，可得到纤维糊状培养物，称为纸浆状生长。但如果振荡不充分，培养物黏度又高，则会形成许多小球状的菌丝团，称为颗粒状生长。

采用液体接种方法，将菌接入装有 100~150mL 液体培养基的 250mL 锥形瓶中，在无菌操作下将瓶口用纱布（6~8 层）包好后，再用线绳捆扎好后，放入恒温振荡培养器中振荡培养（仪器使用方法详见第一章的恒温培养振荡器章节）。需要注意装液量不宜过多（容量的1/5 左右即可），转速不宜过快（100~150r/min 即可），以免振荡过程中液体会溅湿瓶口纱布，引起杂菌污染。培养过程中根据需要，定期取样测定生物量、代谢产物产生情况或底物利用情况等。

（3）通气培养法

实验室可自制小型通气培养装置进行微生物的纯培养，采取在深层液体培养器的底部通入经过空气过滤装置过滤的无菌空气，并用气体分布器使其产生均匀、密集的微小气泡，同时可辅以机械搅拌使氧气更好的溶解于溶液中的一种通气搅拌培养装置。可通过恒温水浴控制培养器内温度。该装置制作简单，方便可行，适用于好氧微生物的通气扩大培养。

（4）发酵罐培养法

实验室中较大量的通气扩大培养，可以采用小型发酵罐，罐容多在 10~100L，通过多种传感器、相应软件程序自动记录和定量控制所培养微生物的营养物质、氧气的供给、温度及 pH 的精确控制。与摇瓶培养相比，能更大量的产生微生物细胞或代谢产物。

（二）厌氧微生物纯培养

1. 李伏夫（B. M. Jibbob）法

此法系用连二亚硫酸钠（sodium hydrosulphite）和碳酸钠以吸收空气中的氧气，其反应式如下：

$$Na_2S_2O_4+Na_2CO_3+O_2 \longrightarrow Na_2SO_4+Na_2SO_3+CO_2$$

取一个有盖的玻璃罐，罐底垫薄层棉花，将接种好的平板重叠正放于罐内（如系液体培养基，则直立于罐内），最上端保留可容纳 1~2 个平板的空间（视玻璃罐的体积而定），按玻罐的体积每 1000cm³ 空间用连二亚硫酸钠及碳酸钠各 30g，在纸上混匀后，盛于上面的空平板中，加水少许使混合物潮湿，但不可过湿，以免罐内水分过多。

2. 焦性没食子酸法

焦性没食子酸在碱性溶液中能吸收大量氧气，同时由淡棕变为深棕色的焦性没食橙（Purpurgallin）。每 100cm³ 空间用焦性没食子酸 1g 及 10%氢氧化钠或氢氧化钾 10mL，其具体方法主要有下列几种：

（1）单个培养皿法：将厌氧菌接种于血琼脂平板。取方形玻璃板一块，中央置纱布（或棉花）或重叠滤纸一片，在其上放焦性没食子酸 0.2g 及 10%NaOH 溶液 0.5mL。迅速拿去皿盖，将培养皿倒置于其上，周围以融化石蜡或胶泥密封。将此玻璃板连同培养皿放入 37℃恒温培养箱中培养 24~48h 后，取出观察。

（2）Buchner 氏试管法（大管套小管法）（图 2-9）：取一大试管，在管底放焦性没食子酸 0.5g 及玻璃珠数个（或放一螺旋状铅丝）。将巴氏芽孢梭菌接种到小试管牛肉膏蛋白胨琼脂斜面上，放入大试管中，迅速加入 20%NaOH 溶液 0.5mL，立即将管口用橡皮塞塞紧，必要时周围封以石蜡。37℃恒温培养箱中培养 24~48h 后观察。

（3）玻罐或干燥器法（图 2-10）：若用于培养皿培养，可用干燥器代替 Buchner 管。取适量焦性没食子酸（一般 1g 焦性没食子酸可吸收 100mL 体积氧气）置于干燥器或玻璃罐的隔板下面，将培养皿或试管置于隔板上，并在玻璃罐内放置一支美蓝指示剂试管，将

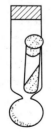

图 2-9 Buchner 氏试管厌氧培养

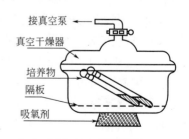

图 2-10 干燥器法

NaOH 溶液加入罐内底部，将焦性没食子酸用纸或纱布包好，用线系住，暂勿与氢氧化钠接触，待一切准备好后，将线放下，使焦性没食子酸落入 NaOH 溶液中，立即将盖盖好，封紧，置恒温培养箱中培养。

3. 高层琼脂柱法

高层琼脂柱法加热融化高层琼脂，冷至 45℃ 左右接种厌氧菌，迅速混合均匀。冷凝后 37℃ 培养，厌氧菌在接近管底处生长。

4. 加热密封法

加热密封法将液体培养基放在阿诺氏蒸锅内加热 10min，驱除溶解于液体中的空气，取出，迅速置于冷水中冷却。接种厌氧菌后，在培养基液面覆盖一层约 0.5cm 的无菌凡士林石蜡，置 37℃ 培养。

5. 厌氧罐法

将接种好的厌氧菌培养皿依次放于厌氧罐中，先抽去部分空气，代以氢气至大气压。通电，在罐内装的铂或钯海绵状金属催化剂的催化作用下，罐中残存的氧与氢化合生成水，使罐内氧气全部消失（图 2-11）。然后将整个厌氧罐放入恒温培养箱培养。此法操作简单，可借助亚甲基蓝等指示剂测定罐内的厌氧程度。

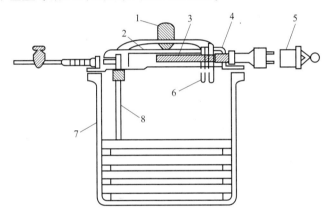

图 2-11　厌气培养罐的结构

1—旋紧顶盖的螺旋；2—顶盖；3—铂石棉曲着的电热丝；4—铜棒；
5—电插头；6—顶盖上附的固定夹；7—罐体；8—吸气管

6. 真空干燥法

真空干燥器法将欲培养的平皿或试管放入真空干燥器中，开动抽气机，抽至高度真空后，替代以氢、氮或二氧化碳气体。将整个干燥器放进恒温培养箱培养。

7. 厌氧菌与好氧菌共同培养法

将培养皿的一半接种吸收氧气能力强的好氧菌（如大肠杆菌），另一半接种厌氧菌，接种后将皿盖盖好，用溶化石蜡密封，置 37℃ 恒温箱中培养 2~3d 后，即可观察到好氧菌和厌氧菌均先后生长。

五、实验报告

（一）结果记录

观察并比较不同培养方法中的微生物生长情况。

（二）思考题

1. 何谓纯培养？
2. 培养皿培养时为什么要倒置？
3. 分析比较几种厌氧培养法有何优缺点。

实验五　菌种保藏

一、实验目的

学习与比较几种菌种保藏的方法。

二、实验原理

微生物具有容易变异的特性，因此，在保藏过程中，必须使微生物的代谢处于最不活跃或相对静止的状态，才能在一定的时间内使其不发生变异而又保持生活能力。低温、干燥和隔绝空气是使微生物代谢能力降低的重要因素，所以菌种保藏方法虽多，但都是根据这三个因素而设计的。保藏方法大致可分为以下几种：

1. 传代培养保藏法

又有斜面培养、穿刺培养、疱肉培养基培养等（后者作保藏厌氧细菌用），培养后于4~6℃冰箱内保存。

2. 液体石蜡覆盖保藏法

是传代培养的变相方法，能够适当延长保藏时间，它是在斜面培养物和穿刺培养物上面覆盖灭菌的液体石蜡，一方面可防止因培养基水分蒸发而引起菌种死亡，另一方面可阻止氧气进入，以减弱代谢作用。

3. 载体保藏法

是将微生物吸附在适当的载体，如土壤、沙子、硅胶、滤纸上，而后进行干燥的保藏法，例如沙土保藏法和滤纸保藏法应用相当广泛。

4. 寄主保藏法

用于目前尚不能在人工培养基上生长的微生物，如病毒、立克次氏体、螺旋体等，它们必须在生活的动物、昆虫、鸡胚内感染并传代，此法相当于一般微生物的传代培养保藏法。病毒等微生物亦可用其他方法如液氮保藏法与冷冻干燥保藏法进行保藏。

5. 冷冻保藏法

可分低温冰箱（-20~-30℃，-50~-80℃）、干冰酒精快速冻结（约-70℃）和液氮（-196℃）等保藏法。

6. 冷冻干燥保藏法

先使微生物在极低温度（-70℃左右）下快速冷冻，然后在减压下利用升华现象除去水分（真空干燥）。

有些方法如滤纸保藏法、液氮保藏法和冷冻干燥保藏法等，均需使用保护剂来制备细胞悬液，以防止因冷冻或水分不断升华对细胞的损害。保护性溶质可通过氢和离子键对水和细胞所产生的亲和力来稳定细胞成分的构型。保护剂有牛乳、血清、糖类、甘油、二甲亚砜等。

三、仪器和材料

（一）实验材料

细菌、酵母菌、放线菌和霉菌。

（二）培养基/试剂

肉膏蛋白胨斜面培养基、灭菌脱脂牛乳、灭菌水、化学纯的液体石蜡、甘油、五氧化二磷、河沙、瘦黄土或红土、冰块、食盐、干冰、95%酒精、10%盐酸、无水氯化钙。

（三）仪器器皿

灭菌吸管、灭菌滴管、灭菌培养皿、管形安瓿管、泪滴形安瓿管（长颈球形底）、40目与100目筛子、油纸、滤纸条（0.5cm×1.2cm）、干燥器、真空泵、真空压力表、喷灯、L形五通管、冰箱、低温冰箱（-30℃）、液氮冷冻保藏器。

四、操作步骤、各保藏法的应用范围及优缺点

下列各法可根据实验室具体条件与需要选做。

（一）斜面低温保藏法

将菌种接种在适宜的固体斜面培养基上，待菌充分生长后，棉塞部分用油纸包扎好，移至2~8℃的冰箱中保藏。

保藏时间依微生物的种类而有不同，霉菌、放线菌及有芽孢的细菌保存2~4个月，移种一次。酵母菌两个月，细菌最好每月移种一次。

此法为实验室和工厂菌种室常用的保藏法，优点是操作简单，使用方便，不需特殊设备，能随时检查所保藏的菌株是否死亡、变异与污染杂菌等。缺点是容易变异，因为培养基的物理、化学特性不是严格恒定的，屡次传代会使微生物的代谢改变而影响微生物的性状，污染杂菌的机会亦较多。

（二）液体石蜡保藏法

1. 将液体石蜡分装于三角烧瓶内，塞上棉塞，并用牛皮纸包扎，1.05kg/cm²，121.3℃，灭菌30min，然后放在40℃温箱中，使水气蒸发掉，备用。

2. 将需要保藏的菌种，在最适宜的斜面培养基中培养，使得到健壮的菌体或孢子。

3. 用灭菌吸管吸取灭菌的液体石蜡，注入已长好菌的斜面上，其用量以高出斜面顶端1cm为准，使菌种与空气隔绝（图2-12）。

4. 将试管直立，置低温或室温下保存（有的微生物在室温下比冰箱中保存的时间还要长）。

此法实用而效果好。霉菌、放线菌、芽孢细菌可保藏2年以上不死，酵母菌可保藏1~2年，一般无芽孢细菌也可保藏1年左右，甚至用一般方法很难保藏的脑膜炎球菌，在37℃温箱内，亦可保藏3个月之久。此法的优点是制作简单，不需特殊设备，且不需经常移种。缺点是保存时必须直立放置，所占位置较大，同时也不便携带。从液体石蜡下面取培养物移种后，接种环在火焰上烧灼时，培养物容易与残留的液体石蜡一起飞溅，应特别注意。

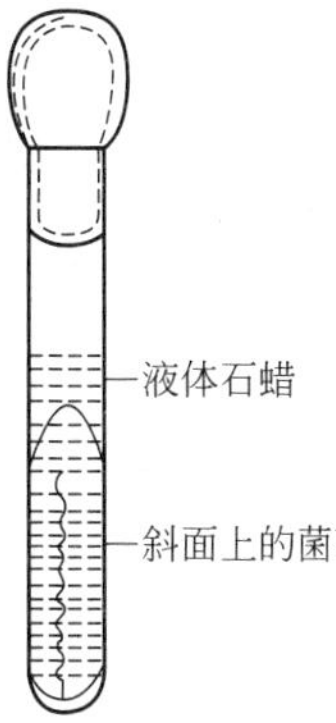

图2-12 液体石蜡覆盖保藏

（三）滤纸保藏法

1. 将滤纸剪成 0.5cm×1.2cm 的小条，装入 0.6cm×8cm 的安瓿管中，每管 1～2 张，塞以棉塞，1.05kg/cm²，121.3℃，灭菌 30 分钟。

2. 将需要保存的菌种，在适宜的斜面培养基上培养，使充分生长。

3. 取灭菌脱脂牛乳 1～2mL 滴加在灭菌培养皿或试管内，取数环菌苔在牛乳内混匀，制成浓悬液。

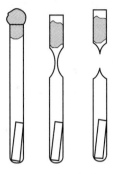

4. 用灭菌镊子自安瓿管取滤纸条浸入菌悬液内，使其吸饱，再放回至安瓿管中，塞上棉塞。

5. 将安瓿管放入内有 P_2O_5 作吸水剂的干燥器中，用真空泵抽气至干。

6. 将棉花塞入管内，用火焰按图 2-13 熔封，保存于低温下。

7. 需要使用菌种，复活培养时，可将安瓿管口在火焰上烧热，滴一滴冷水在烧热的部位，使玻璃破裂，再用镊子敲掉口端的玻璃，待安瓿管开启后，取出滤纸，放入液体培养基内，置温箱中培养。

图 2-13　滤纸保藏法的安瓿品熔封

细菌、酵母菌、丝状真菌均可用此法保藏，前两者可保藏 2 年左右，有些丝状真菌甚至可保藏 14～17 年之久。此法较液氮、冷冻干燥法简便，不需要特殊设备。

（四）沙土保藏法

1. 取河沙加入 10% 稀盐酸，加热煮沸 30min，以去除其中的有机质。

2. 倒去酸水，用自来水冲洗至中性。

3. 烘干，用 40 目筛子过筛，以去掉粗颗粒，备用。

4. 另取非耕作层的不含腐殖质的瘦黄土或红土，加自来水浸泡洗涤数次，直至中性。

5. 烘干，碾碎，通过 100 目筛子过筛，以去除粗颗粒。

6. 按 1 份黄土、3 份沙的比例（或根据需要而用其他比例，甚至可全部用沙或全部用土）掺合均匀，装入 10mm×100mm 的小试管或安瓿管中，每管装 1g 左右，塞上棉塞，进行灭菌，烘干。

7. 抽样进行无菌检查，每 10 支沙土管抽检一支，将沙土倒入肉汤培养基中，37℃ 培养 48h，若仍有杂菌，则需全部重新灭菌，再做无菌试验，直至证明无菌，方可备用。

8. 选择培养成熟的（一般指孢子层生长丰满的，营养细胞用此法效果不好）优良菌种，以无菌水洗下，制成孢子悬液。

9. 于每支沙土管中加入约 0.5mL（一般以刚刚使沙土润湿为宜）孢子悬液，以接种针拌匀。

10. 放入真空干燥器内，用真空泵抽干水分，抽干时间越短越好，务必在 12h 内抽干。

11. 每 10 支抽取一支，用接种环取出少数沙粒，接种于斜面培养基上，进行培养，观察生长情况和有无杂菌生长，如出现杂菌或菌落数很少或根本不长，则说明制作的沙土管有问题，尚须进一步抽样检查。

12. 若经检查没有问题，用火焰熔封管口，放冰箱或室内干燥处保存。每半年检查一次活力和杂菌情况。

13. 需要使用菌种，复活培养时，取沙土少许移入液体培养基内，置温箱中培养。

此法多用于能产生孢子的微生物如霉菌、放线菌，因此在抗生素工业生产中应用最广，效果亦好，可保存 2 年左右，但应用于营养细胞效果不佳。

（五）液氮冷冻保藏法

1. 准备安瓿管

用于液氮保藏的安瓿管，要求能耐受温度突然变化而不致破裂，因此，需要采用硼硅酸盐玻璃制造的安瓿管，安瓿管的大小通常使用 75mm×10mm 的，或能容 1.2mm 液体的。

2. 加保护剂与灭菌

保存细菌、酵母菌或霉菌孢子等容易分散的细胞时，则将空安瓿管塞上棉塞，1.05kg/cm^2，121.3℃灭菌 15min；若作保存霉菌菌丝体用，则需在安瓿管内预先加入保护剂如 10% 的甘油蒸馏水溶液或 10% 二甲亚砜蒸馏水溶液，加入量以能浸没以后加入的菌落圆块为限，而后再用棉塞，1.05kg/cm^2，121.3℃，灭菌 15min。

3. 接入菌种

将菌种用 10% 的甘油蒸馏水溶液制成菌悬液，装入已灭菌的安瓿管；霉菌菌丝体则可用灭菌打孔器，从平板内切取菌落圆块，放入含有保护剂的安瓿管内，然后用火焰熔封。浸入水中检查有无漏洞。

4. 冻结

再将已封口的安瓿管以每分钟下降 1℃ 的慢速冻结至 -30℃。若细胞急剧冷冻，则在细胞内会形成冰的结晶，因而降低存活率。

5. 保藏

经冻结至 -30℃ 的安瓿管立即放入液氮冷冻保藏器的小圆筒内，然后再将小圆筒放入液氮保藏器内。液氮保藏器内的气相为 -150℃，液态氮内为 -196℃。

6. 恢复培养

保藏的菌种需要用时，将安瓿管取出，立即放入 38~40℃ 的水浴中进行急剧解冻，直到全部融化为止。再打开安瓿管，将内容物移入适宜的培养基上培养。

此法除适宜于一般微生物的保藏外，对一些用冷冻干燥法都难以保存的微生物，如支原体、衣原体、氢细菌、难以形成孢子的霉菌、噬菌体及动物细胞均可长期保藏，而且性状不变异。缺点是需要特殊设备。

（六）冷冻干燥保藏法

1. 准备安瓿管

用于冷冻干燥菌种保藏的安瓿管宜采用中性玻璃制造，形状可用长颈球形底的，亦称泪滴形安瓿管，大小要求外径 6~7.5mm，长 105mm，球部直径 9~11mm，壁厚 0.6~1.2mm。也可用没有球部的管状安瓿管。塞好棉塞，1.05kg/cm^2，121.3℃，灭菌 30min，备用。

2. 准备菌种

用冷冻干燥法保藏的菌种，其保藏期可达数年至十数年，为了在许多年后不出差错，故所用菌种要特别注意其纯度，即不能有杂菌污染，然后在最适培养基中用最适温度培养，使培养出良好的培养物。细菌和酵母的菌龄要求超过对数生长期，若用对数生长期的菌种进行保藏，其存活率反而降低。一般细菌要求 24~48h 的培养物；酵母需培养 3d；形成孢子的微生物则宜保存孢子；放线菌与丝状真菌则培养7~10d。

3. 制备菌悬液与分装

以细菌斜面为例，将脱脂牛乳2mL左右加入斜面试管中，制成浓菌液，每支安瓿管分装0.2mL。

4. 冷冻

冷冻干燥器有成套的装置出售，价值昂贵，此处介绍的是简易方法与装置，可达到同样的目的。

将分装好的安瓿管放低温冰箱中冷冻，无低温冰箱可用冷冻剂如干冰（固体CO_2）酒精液或干冰丙酮液，温度可达-70℃。将安瓿管插入冷冻剂，只需冷冻4~5min，即可使悬液结冰。

5. 真空干燥

为在真空干燥时使样品保持冻结状态，需准备冷冻槽，槽内放碎冰块与食盐，混合均匀，可冷至-15℃。抽气前先将安瓿管放入冷冻槽中的干燥瓶内，抽气一般若在30min内能达到93.3Pa（0.7mmHg）真空度时，则干燥物不致熔化，以后再继续抽气，几小时内，肉眼可观察到被干燥物已趋干燥，一般抽到真空度26.7Pa（0.2mmHg），保持压力6~8h即可。

6. 封口

抽真空干燥后，取出安瓿管，接在封口用的玻璃管上，可用L形五通管（图2-14）继续抽气，约10min即可达到26.7Pa（0.2mmHg）。于真空状态下，以煤气喷灯的细火焰在安瓿管颈中央进行封口。封口以后，保存于冰箱或室温暗处。

图2-14 封口装置

此法为菌种保藏方法中最有效的方法之一，对一般生命力强的微生物及其孢子以及无芽胞菌都适用，即使对一些很难保存的致病菌，如脑膜炎球菌与淋病球菌等亦能保存。适用于菌种长期保存，一般可保存数年至十余年，但设备和操作都比较复杂。

五、实验报告

思考题

1. 经常使用的细菌菌种，应用哪一种方法保藏既好又简便？
2. 细菌用什么方法保藏的时间长而又不易变异？

第三章 显微镜技术

由于微生物个体微小，必须借助显微镜来"观察"它们的个体形态和细胞结构。熟悉和掌握显微镜的工作原理和操作技术，是研究微生物需要具备的基本技能。现代显微镜一般可分为光学显微镜和非光学显微镜两大类，如下所示。

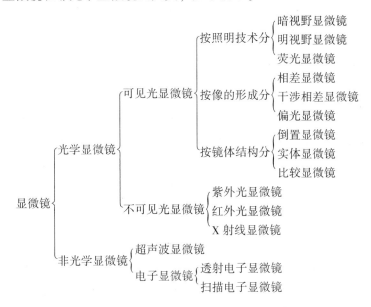

实验六 普通光学显微镜的使用及微生物形态观察

一、实验目的

1. 熟悉普通光学显微镜的构造和工作原理。
2. 准确掌握显微镜的使用方法，重点掌握油镜的使用方法和维护技术。
3. 观察和识别几种原核微生物的个体形态。

二、实验材料

（一）菌体材料

金黄色葡萄球菌（*Staphylococcus aureus*）染色玻片标本、枯草芽孢杆菌（*Bacillus subtilis*）染色玻片标本。

（二）仪器、器皿和试剂

普通光学显微镜、香柏油、二甲苯、镜头纸等。

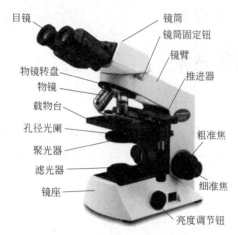

目镜
镜筒
镜筒固定钮
镜臂
物镜转盘
推进器
物镜
载物台
孔径光阑
粗准焦
聚光器
滤光器
细准焦
镜座
亮度调节钮

图 3-1　普通光学显微镜的结构

三、显微镜的基本构造与成像原理

显微镜由机械装置和光学系统两部分组成（见图 3-1）。

（一）机械装置

1. 镜座

显微镜的基座，起稳定和支持整个镜身的作用。

2. 镜臂

镜臂支撑镜筒和载物台，直筒显微镜的镜臂与镜座之间有一倾斜关节，可使显微镜倾斜一定角度，便于观察。

3. 镜筒

位于镜臂前方的金属圆筒，上端安装目镜，下端装有转换器，镜筒的长度是固定的，国标上将显微镜的筒长定为 160mm，该数字标于物镜外壳上。目前常见的是倾斜式双筒，双筒中的一个目镜有屈光度调节装置，在双眼视力不同时可调节使用。

4. 载物台

用于放置标本片的平台，中央有一圆形通光孔。载物台上装有压片夹和玻片移动器，调节移动器可前后、左右移动玻片。有些移动器上还装有标尺，可标定标本位置，便于重复观察。

5. 物镜转换器

在镜筒下方用于安装物镜的圆盘，一般装有 3~5 个物镜。物镜镜头一般按照从低倍到高倍的顺序安装。转换物镜时，用手旋转物镜转换器，勿用手直接拨动物镜，以免物镜与转换器连接松脱而损坏镜头。

6. 调焦装置

调焦装置由粗调螺旋和细调螺旋组成，用于调节物镜和标本间精确的工作距离，使物像更清晰。

（二）光学系统

1. 目镜

装于镜筒上端，由两块透镜组成，上面一块称为接目透镜，下面一块称为聚透镜，两片透镜之间有一光阑。光阑的大小决定了视野的大小，光阑的边缘就是视野的边缘，故又称视野光阑。由于标本正好在光阑上成像，因此在光阑上粘一小段黑丝作为指针，可指示标本的具体部位。光阑上还可放置测量微生物大小的目镜测微尺。目镜的作用是把物镜放大了的像进行第二次放大，不增加分辨力，上面一般标有 5X，10X，16X 等放大倍数，可根据需要选用。显微镜的总放大率是指物镜放大倍数和目镜放大倍数的乘积。假如采用放大率为 40 倍的物镜和 16 倍的目镜，则显微镜的总放大率为 640 倍。

2. 物镜

装在物镜转换器上的一组镜头，因接近被观察的物体，故又称物镜。其作用是将物体第一次放大，是决定成像质量和分辨能力的重要部件。物镜有低倍镜（4X 或 10X）、高倍镜（40X）和油镜（100X）等不同放大倍数。每个物镜上都刻有相应的标记，包括放大倍数、数值孔径（Numerical Aperture，简写为 N. A）、工作距离（物镜下端至盖玻片之间的距离，mm）及要求盖玻片的厚度等主要参数，如图 3-2 所示。

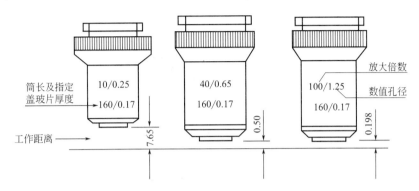

图 3-2　显微镜物镜的主要参数

油镜上刻有"OI"（Oil Immersion）或"HI"（Homogeneous Immersion）字样，也有刻一圈红线或黑线为标记，用于区别其他物镜。

物镜的性能由数值孔径（NA）决定，它决定着显微镜的物镜分辨率，数值孔径是指介质的折射率与镜口角 1/2 正弦的乘积，可用式（3-1）表示：

$$NA = n \cdot \sin \frac{\alpha}{2} \tag{3-1}$$

式中　NA——数值孔径；

　　　n——物镜与标本间介质的折射率；

　　　α——物镜的镜口角。

因此，影响 NA 的第一个因素是折射率。不同介质的折射率不同，光线通过几种介质的折射率（n）$n_{空气} = 1.0$，$n_{水} = 1.33$，$n_{香柏油} = 1.52$。

影响 NA 的第二个因素是镜口角 α（图 3-3），α 的理论限度是 180°，$\sin \frac{\alpha}{2} = 1$，故以空气为介质时（$n=1$），NA 数值孔径最大值不能超过 1。此时为增大数值孔径，常常是在载玻片与物镜之间采用油质介质（这种结构称为油浸系，如果玻片与物镜之间的介质为空气，则称为干燥系）。如以香柏油为介质时，香柏油的折射率 $n=1.52$，与玻璃折射率相同，当光线通过载玻片后，可直接通过香柏油进入物镜而不发生折射（图 3-4），镜口角 α

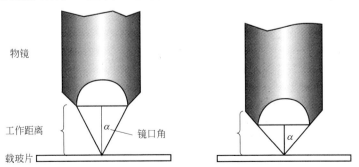

图 3-3　物镜的镜口角

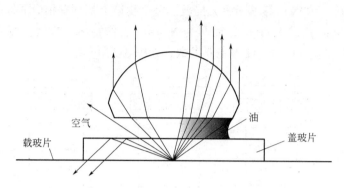

图 3-4　一般物镜与油镜的光线通路

最大为 120°左右，$\sin\dfrac{\alpha}{2}=0.87$，则数值孔径 NA = 1.52×0.87 = 1.32。

显微镜的分辨力是指显微镜能够分辨两点之间最小距离（D）的能力。它与物镜的数值孔径（NA）成正比，与光波长度（λ）成反比，可用式（3-2）表示：

$$D=\frac{\lambda}{2\text{NA}} \tag{3-2}$$

因此，物镜的数字孔径越大，光波波长越短，则显微镜的分辨力越大，被检物体的细微结构也越能明晰的区别开来。我们肉眼所能感受的光波平均长度为 0.55μm，假如数值孔径为 0.65 的高倍物镜，它能辨别两点之间的最小距离 D = 0.55/（2×0.65）= 0.42μm。而在 0.42μm 以下的两点之间的距离就分辨不出，即使使用倍数更大的目镜，使显微镜的总放大率增加，也仍然分辨不出。只有改用数值孔径更大的物镜，增加其分辨力才行。例如用孔径为 1.25 的油镜时，能辨别两点之间的最小距离 D = 0.55/（2×1.25）= 0.22μm。

3. 聚光器

聚光器在载物台下方，起汇聚光线的作用。聚光器由聚光镜和虹彩光圈组成，聚光镜由透镜组成。虹彩光圈由薄金属片组成，中心形成圆孔，推动把手可随意调整透进光的强弱。调节聚光镜的高度和虹彩光圈的大小，可得到适当的光照和清晰的图像。物镜焦距、工作距离与光圈孔径之间的关系如图 3-5 所示。

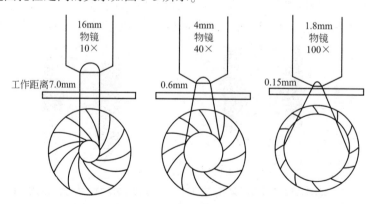

图 3-5　物镜焦距、工作距离与光圈孔径之间的关系

当用低倍物镜时聚光器应下降，用油镜时则聚光器应升到最高位置。在观察较透明的标本时，光圈宜缩小一些，这时分辨力虽下降，但反差增强，使透明的标本看得更清楚。但不宜将光圈关的太小，以免由于光干涉现象而导致成像模糊。

4. 光源

较新式的显微镜光源通常安装在显微镜的镜座内，通过电源开关来控制光源强弱。老式的显微镜大多是采用附着在镜壁上的反光镜，反光镜是一个两面镜子，一面是平面，另一面是凹面。在使用低倍和高倍镜观察时，用平面反光镜，使用油镜或光线弱时可用凹面反光镜。

5. 滤光片

滤光片有红、橙、黄、绿、青、蓝、紫等各种颜色，分别透过不同波长的可见光。只需要某一波长的光线时，根据被检物的颜色，选用适当的滤光片，可以提高分辨力，增加影像的反差和清晰度。

（三）成像原理

显微镜的成像原理如图 3-6 所示，标本（F_1）置于聚光器与物镜之间，目镜、物镜、聚光器各自相当于一个凸透镜。平行的光线自反光镜折射入聚光器，光线经聚光器集聚增强，照射在标本上。标本的像经物镜放大成像于 F_2 处，但像是倒像，目镜将此倒像进一步放大成像于人眼的视网膜上（F_3）即正像。

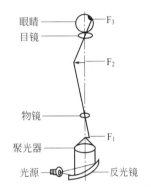

图 3-6　显微镜的成像原理

四、操作步骤

（一）低倍镜的使用

1. 调节光源，将低倍镜转到工作位置。

2. 放置标本片，使观察的目的物位于圆孔的正中央。

3. 双眼向目镜内观察，并通过聚光器和光圈调节光线至合适的强度。

4. 调节焦距，旋转粗调节钮，同时从显微镜侧面注视物镜镜头，使镜筒缓慢下降（或载物台上升），当镜头距玻片约 5mm 时，再用双眼（单筒习惯用左眼，以便于绘图）从目镜中观察视野，并继续转动粗调节钮，直至视野中出现目的物为止。此时也可转动细调节钮，使物像更清晰。在此过程中，必须同时利用载物台上的移片器，这样可使观察范围更广。

（二）高倍镜的使用

1. 先用低倍镜找到目的物并移至中央。

2. 旋动转换器换高倍镜。

3. 观察目的物，同时微微上下转动细调节钮，直至视野内见到清晰的目的物为止。

（三）油镜的使用

1. 先按低倍镜到高倍镜的操作步骤找到目的物，并将目的物移至视野正中。

2. 将高倍镜移开，在标本上滴一滴香柏油，转换油镜镜头至正中，使镜面浸在油滴中。在一般情况下，转过油镜即可看到目的物，如不够清晰，可来回调节细调节钮，就可看清目的物。

3. 油镜观察完毕，先用镜头纸将镜头揩净，再用镜头纸蘸少许二甲苯轻揩，然后用镜头纸揩干。

五、实验报告

（一）实验结果

用显微摄像系统拍摄观察到的微生物照片，绘出你观察到的几种微生物形态图。

（二）思考题

1. 用油镜观察时应注意哪些问题？在载玻片和镜头之间滴加的是什么油？起什么作用？

2. 为什么在使用高倍镜和油镜时应特别注意避免粗调节器的误操作？

实验七　荧光显微镜的使用

一、实验目的

1. 掌握应用吖啶橙染色直接计数（Acridine Orange Direct Counts，AODC）方法，对环境水样中的细菌总数进行快速、直接的镜检计数。

2. 掌握应用活菌直接计数（Direct Viable Counts，DVC）方法，对环境水样中活的细菌数进行快速、直接的镜检计数。

二、实验原理

荧光显微镜（fluorescence microscope）是以紫外线为光源，用以照射被检物体，使之发出荧光，然后在显微镜下观察物体的形状及其所在位置（图3-7）。近年研制的新型荧光显微镜多采用落射光装置，称之为落射荧光显微镜。落射荧光显微镜与荧光显微镜的主要区别在于落射光装置，新型的落射光装置是从光源来的光射到干涉分光滤镜后，波长短的部分（紫外和紫蓝）由于滤镜上镀膜的性质而反射。当滤镜对向光源呈45°倾斜时，波长短的部分则垂直射向物镜，经物镜射向标本，使标本受到激发，这时物镜直接起聚光器的作用；同时，波长长的部分（绿、黄、红等），对滤镜是可透的，因此不向物镜方向反射。滤镜起了激发滤板作用，由于标本被激发的荧光处在可见光长波区，可透过滤镜而到达目镜观察。荧光图像的亮度随着放大倍数增大而提高，在高放大时比透射光源强。它除具有透射式光源的功能

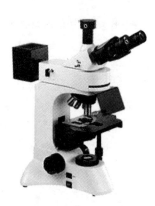

图 3-7　落射荧光显微镜

外，更适用于不透明及半透明标本，如厚片、滤膜、菌落、组织培养标本等的直接观察。

吖啶橙（acridine orange）是一种荧光染料。它和细菌接触以后，可以和细胞中的核酸物质特异结合，然后在激发光的激发下产生绿色或红色的荧光。细菌产生的荧光颜色因其生理状态的不同而改变。处于静止期或不活动状态时将是绿色荧光，因为它们的核酸主要是双螺旋 DNA。而死细菌细胞中的 DNA 则被破坏成单螺旋 DNA，它与吖啶橙反应呈现红色的荧光。但在培养过程中，处于高速率生长的细菌细胞中，由于其 RNA 占优势，因此也成红色荧光。大多数自然界出现的细菌是绿色荧光，表明它们是活菌但生长非常缓

慢。当红色与绿色荧光混合在一起时，眼睛看到的是黄色荧光。

这种计数方法，既简单方便，又快速准确，节约了很多时间，适合用于测定水环境细菌总数。它的不足在于非细菌荧光颗粒对计数有干扰，细菌在滤膜表面的分散情况、染色步骤、样品过滤体积的差异、不同的荧光显微镜以及研究者的主观因素等均可造成计数偏差。尽管存在不足之处，AODC 法仍广泛应用于各种水环境细菌总数的测定。

将荧光显微技术与培养法结合起来，设计出了活菌直接计数法（DVC）。这种方法可以在显微镜下直接计数活的海洋细菌。这种方法包括两个步骤：第一步是向水样中加入微量的酵母膏及萘啶酮酸（Nalidixic acid）后，进行一段时间的预培养。萘啶酮酸是一种特殊的 DNA 合成抑制剂，它可以阻碍革兰氏阴性细菌的细胞分裂，而其他合成作用代谢途径则照常进行，这就导致形成大型丝状细胞，而这些增大了的细胞，在显微镜下是比较容易计数的。第二步，经过预培养的水样中的细菌再用吖啶橙染色，然后在落射荧光显微镜下观察计数。视野中伸长、变粗、发橙红色荧光的菌体被认为是活菌。

DVC 与 AODC 染色法相比，这种方法受染料干扰比较小，背景更清晰，使染色的效果更加专一，应用也比较广泛，但适合用于水环境中活细菌的计数。

三、实验材料与设备

（一）AODC 染色法

甲醛、吖啶橙、黑色聚碳酸酯滤膜、落射荧光显微镜。

（二）DVC 染色法

酵母膏、萘啶酮酸、甲醛、吖啶橙、黑色聚碳酸酯滤膜、落射荧光显微镜。

四、实验步骤

（一）AODC 染色法

1. 水样采集后迅速加入甲醛固定，甲醛最终浓度 2%。

2. 取固定后水样 1mL，加入吖啶橙（终浓度为 0.1%）染色 1~2min。

3. 将染色水样经滤膜（孔径 0.2μm，直径 25mm 黑色聚碳酸酯滤膜）过滤。

4. 过滤后将滤膜置于载玻片上，有细菌面向上，在滤膜与盖玻片之间加上无自发荧光的香柏油，盖上盖玻片，用落射荧光显微镜在放大倍数为 10×100 下观测计数，随机观测 15 个视野，每个视野下 30 个左右细菌体为宜。然后利用公式（3-3）将视野细菌数量转换为单位水样中细菌数（cell/L）即得浮游细菌丰度。

$$B_N = Na \cdot S/Sf \cdot （1-0.05） \cdot V \qquad (3-3)$$

式中　B_N——样品含菌数（个/L）；

　　　Na——各视野平均菌数（个）；

　　　S——滤膜实际过滤面积（mm^2）；

　　　Sf——显微镜视野面积（mm^2）；

　　　V——过滤样品量（L）；

　　0.05——加入 37%~40% 甲醛固定样品总体积的比例。

（二）活菌直接计数法（DVC）

1. 向水样中加入 0.002% 萘啶酮酸和 0.025% 酵母膏（均为最终浓度）。

2. 避光，25℃培养 6h。

3. 取样后甲醛固定，甲醛最终浓度 2%。

4. 取固定后水样 1mL，加入吖啶橙（终浓度为 0.1%）染色 1~2min。

5. 将染色水样经黑色聚碳酸酯滤膜（孔径 0.2μm，直径 25mm）过滤。

6. 过滤后将滤膜置于载玻片上，加上无自发荧光的香柏油，盖上盖玻片，用落射荧光显微镜按照 AODC 法直接镜检计数，视野中长大或变粗的菌体被认为是活菌。

7. 单位水样中活细菌数（cell/L）的计算方法同 AODC 方法。

五、实验报告

（一）结果记录

用显微摄像系统拍摄观察到的微生物照片。

（二）思考题

试述荧光显微镜的工作原理。

实验八　暗视野显微镜的使用

一、实验目的

1. 了解暗视野显微镜的基本原理及用途。

2. 掌握使用暗视野显微镜观察微生物样品的基本技术。

二、实验原理

在日常生活中，室内飞扬的微粒灰尘是不易被看见的，但在暗的房间中若有一束光线从门缝斜射进来，灰尘便粒粒可见了，这是光学上的丁达尔现象。暗视野显微镜就是利用此原理设计的。即给样品照明的光不直接穿过物镜，而是由样品上反射或折射的光进入物镜，那么，在漆黑的视野中，由于反差增大了，使样品能够看得更清楚。因用暗视野法可以在黑暗的视野中看到光亮的菌体，故在观察活细菌及细菌运动时常采用此法。

暗视野显微镜与一般明视野显微镜的区别在于二者的聚光器不同。普通明视野显微镜换装暗视野聚光器后，由于该聚光器内部抛物面结构的遮挡，照射在待检物体表面的光线不能直接进入物镜和目镜，光仅由周缘进入，使光会聚于载玻片上，并斜照物体，物体经斜射照明后，发出反射光可进入物镜，这样，造成显微镜视野黑暗，而其中的物体明亮。在暗视野中，由于有些活细胞其外表比死细胞明亮，所以暗视野也被用来区分死、活细胞。

三、仪器和材料

（一）实验材料

酿酒酵母（*Saccharomyces cerevisiae*）。

（二）实验器材

普通显微镜、暗视野聚光器、载玻片、盖玻片、香柏油、二甲苯、擦镜纸。

四、实验步骤

1. 制片。选取厚度为 1.0~1.2mm 的干净载玻片一块，滴上酿酒酵母悬液，加盖玻片（勿产生气泡）。

2. 取下普通光学显微镜的原有聚光器，换上暗视野聚光器。将光源的光圈孔调至最大。

3. 在聚光器上放一大滴香柏油，将标本置载物台上，旋上聚光器使油与载玻片接触（不能有气泡发生）。要注意的是，聚光镜与载玻片之间的香柏油一定要充满，不然照明光线于聚光器上会全部反射掉，不能照到被检物体，从而得不到暗视野照明。

4. 用低倍物镜进行配光对准物体。调节聚光器的高度，首先在载玻片上出现一个中间有一黑点的光圈，最后为一光亮的光点，光点愈小愈好，由此点将聚光器上下移动时均使光点增大（图3-8）。在进行暗视野观察标本前，一定要进行聚光器的中心调节和调焦，使焦点与被检物体一致。

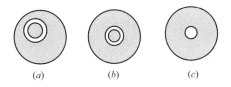

(a)　　　　　(b)　　　　　(c)

图 3-8　暗视野聚光镜的中心调节及调焦

（a）聚光镜光轴与显微镜光轴不一致时的情况；（b）虽然经过中心调节，但聚光镜焦点仍与被检物体不一致时的情况；（c）聚光镜升降焦点与被检物体一致时的情况

5. 换上所需目镜和高倍镜，缓慢上升物镜进行调焦，至视野中心出现发光的样品。

6. 油镜观察。在盖玻片上滴一滴香柏油，并将油镜旋转至应在位置调节配光，进行观察。

五、实验报告

（一）结果记录

显微拍摄并描述在暗视野显微镜下观察到的酿酒酵母的个体形态。

（二）思考题

在暗视野中能否区分酿酒酵母死细胞、活细胞？

实验九　相差显微镜的使用

一、实验目的

1. 了解相差显微镜的基本原理及用途。

2. 掌握使用相差显微镜观察微生物样品的基本技术。

二、实验原理

利用暗视野显微镜可以进行活细胞观察，但是看不清细胞的内部结构。而相差显微镜不仅能观察活细胞的形态，而且还能看到细胞的内部结构及其随时间变化的过程。并且相差显微技术无需采取使细胞致死的固定及染色的预处理方法，而影响观察效果或造成结果失真。未经染色的微生物活体，因细胞各部分细微结构的密度和折射率不同，光线通过透明的细胞活体后，部分光线变成了绕射光，光波的相位发生变化，但光的波长（颜色）和振幅（亮度）都没有明显的变化，而相位差不能在普通显微镜视野中观察到。因此，用普通光学显微镜观察未经染色的活细胞时，其形态和内部结构往往难以分辨。但相差显微镜能通过其特殊装置——环状光阑和相板，利用光的干涉现象，将光的相位差转变为人眼可以察觉的振幅差（明暗差），从而使原来透明的物体表现出明显的明暗差异，对比度增强，使我们能比较清楚地观察到在普通光学显微镜和暗视野显微镜下，都看不到或看不清的活细胞及细胞内的某些细微结构。

相差显微镜与普通光学显微镜在构造上的不同在于，用环状光阑代替可变光阑，用带相板的相差物镜代替普通物镜，及需用合轴调节望远镜来校直光轴并使用滤色片。

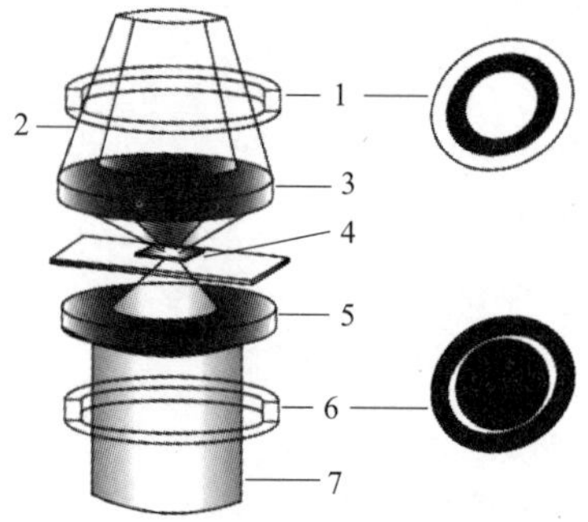

图 3-9　相差显微镜的工作原理

1—相位板；2—发生偏移的光；
3—物镜；4—样本；5—聚光器；
6—环形光阑；7—光源

1. 环状光阑

环状光阑安装在聚光器下面，照明光线只能从环状的透明区进入聚光器再斜射到标本上（斜射角度远小于暗视野聚光器），产生直射光和绕射光。环状光阑是由大小不同的环状孔形成的光阑，不同的光阑应与各自不同放大率的物镜配套使用（图 3-9）。

2. 相差物镜（镜头上标有 PC 或 PH 字样）

物镜的后焦平面上装有相板，这是相差显微镜的主要装置。相板上和环状光阑对应的环状部分大多数是涂的吸收膜和推迟相位膜，其他部分完全透明。从标本上射过来的光线，绕射光部分穿过透明区；直射光穿过相板的环状部分，光强度减弱，相位也适当改变。一般所用的相板推迟相位 1/4，吸收 80% 的直射光，这样就使直射光和绕射光的强度接近，而相位差则增大或减少。由于透明样本内部构造的折射率不同，产生绕射光的相位就有不同程度的推迟，绕射光和直射光的干涉作用将相位差变成振幅差。

3. 合轴调节望远镜

由于环状光阑的光环和相差物镜中的相位环很小，在合轴调节中必须使用特别的低倍望远镜，保证两环的环孔相互吻合，光轴完全一致。

4. 滤光片

一般都使用绿色滤光片。这是因为相差物镜多属消色差物镜，这种物镜只纠正了黄、绿光的球差而未纠正红、蓝光的球差，在使用时采用绿色滤光片效果最好。另外，绿色滤光片有吸热作用（吸收红色光和蓝色光），进行活体观察时比较有利。

三、仪器和材料

（一）实验材料

酿酒酵母（*Saccharomyces cerevisiae*）水浸片。

（二）实验器材

相差显微镜、擦镜纸。

四、实验步骤

1. 将制作好的酿酒酵母水浸片放置于载物台上，夹好。

2. 将环状光阑转盘转至"0"，光圈开至最大。

3. 通过普通目镜和低倍相差物镜（如10x）调焦，找到目标物。

4. 换油镜相差物镜（90x），转动环状光阑转盘至40，使与所用物镜相符，调焦至目标物清晰。

5. 取下目镜，换上合轴调节望远镜，转动望远镜使聚光器中的亮环和物镜中的暗环清晰，再转动聚光器的两侧调节杆，使两环重合。

6. 取下望远镜换上目镜观察，更换标本或改变不同倍数相差物镜时，重复上述步骤进行合轴调节。

五、实验报告

（一）结果记录

显微拍摄并描述你所观察到的酿酒酵母的形态图。

（二）思考题

相差显微观察到的酿酒酵母与暗视野显微观察结果相比有何不同？

实验十　电子显微镜的使用及样品制备

一、实验目的

1. 了解电子显微镜的工作原理。
2. 学习并掌握制备电镜标本的方法。

二、实验原理

由于显微镜的分辨率取决于所用光的波长，从20世纪初开始，人们尝试用波长更短的电磁波取代可见光来放大成像。1933年德国人鲁斯卡（E. Ruska）制成了世界上第一台以电子作为"光源"的显微镜——透射电子显微镜。为此，鲁斯卡与后来1982年发明扫描电子显微镜的宾尼（G. Binning）和罗雷尔（H. Rohrer），共同获得了1986年诺贝尔物理学奖。

电子显微镜是利用电子枪发射的电子流代替光学显微镜的光束使物体放大成像。电子枪由发射电子的"v"形钨丝及阳极板组成。在高真空中，钨丝被加热到白炽程度，其尖端便发射出电子，射出的电子受到阳极很高的正电压的吸引，使电子得到很大的加速度而到达样品。电压越高，电子流速度越快，波长越短，其分辨能力也越强。一般用 50 ~ 100kV 电压时，电子波长在 0.54~0.37nm，所以电子显微镜的分辨力极高，可达 0.2nm 左右，此分辨力比光学显微镜提高了近1000倍。由于在电子流的通路上不能有游离的气体分子存在，否则会因气体分子与电子的碰撞而造成电子的偏转，导致物像散乱不清，所以电子显微镜除需要高电压外，还需要高真空的装置。

电子显微镜的放大率是由透镜决定的，其透镜是由看不见的电磁场构成的，称为电磁透镜（磁透镜）。由电子枪发射出的电子流通过电磁透镜的电磁场吸引发生偏折而放大物体，并且电子显微镜的成像系统由多个电磁透镜组成，利用多个电磁透镜的组合而得到逐级放大的电子像。此外，通过改变这些电磁透镜的磁场强度也可提高放大率，磁场越强，焦距越短，放大倍数也就越大。所以现代电子显微镜的成像物镜大多数采用短焦距的强磁透镜，放大倍数可达 300 万倍以上，相当于将一个直径 2m 的气球放大到地球那么大。电子显微镜的分辨率由最初的 500nm 提高到现在的 1 埃（$\frac{1}{10^{10}}$m）。

（一）电子显微镜的成像原理

任何一个物体都是由原子组成的，原子则是由原子核与轨道电子组成的。当电子束照射到样品上的时候，一部分电子能从原子与原子之间的空隙中穿透过去，其余的电子有一部分会与原子核或原子的轨道电子发生碰撞被散射开来；另一部分电子从样品表面被反射出来；还有一些电子被样品吸收以后，样品激化而又从样品本身反射出来等。根据收集通过样品的电子成像还是收集从样品表面反射出来的电子成像，将电子显微镜分为透射电子显微镜与扫描电子显微镜（图 3-10）。

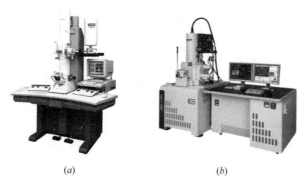

(a)　　　　　　　　　(b)

图 3-10　（a）透射电子显微镜；（b）扫描电子显微镜

透射电子显微镜（transmission electron microscope，TEM）收集的是透过样品的电子，物像的形成主要来自电子的散射与干涉作用。散射作用分"弹性散射"和"非弹性散射"两种。弹性散射指电子和原子核发生碰撞，电子基本上不损失能量，而只是改变运动方向。如果电子是与轨道电子发生碰撞，电子不仅会改变原来运动的方向，而且还会损失一部分能量，这时电子便发生了"非弹性散射"作用。由于物体上不同部位的结构不同，它们散射电子的能力也各不相同，结果使透过样品的电子束发生疏密的差别，在散射电子能力强的地方，透过去的电子数目少，因而打在荧光屏上所发出的光就弱，显现为暗区，反之就显现为亮区。这样便在终极图像上造成了有亮有暗的区域，出现了反差。散射作用形成的反差造成强度上的变化，称为"振幅反差"。此外，电子的干涉作用也能造成反差，在电子发生非弹性碰撞的时候会失去一部分能量，使它前进的速度变慢，而速度减慢的这部分电子会和速度不变的电子发生干涉作用，结果造成电子相位上的变化，从而引起所谓的"相位反差"。在低倍观察时，振幅反差是主要的反差来源，而在高倍观察时，即在辨别极小的（如 1nm 大小）细微结构时，相位反差则起主要作用。

扫描电子显微镜（scanning electron mcroscope，SEM）是把从样品表面反射出来的电子收集起来并使其成像，又称反射电子显微镜。扫描电子显微镜的成像原理与电视或电传真照片的原理相似，由电子枪产生的电子束经过三个电磁透镜的作用，形成一个很细的电子束，称为电子探针。电子探针经过透镜聚焦到样品表面上，按顺序逐渐地通过样品，即对样品扫描，然后把从样品表面发射出来的各种电子（二次电子、反射电子等）用探测器收集起来，并转变为电流信号，经放大后再送到显像管转变成图像。扫描电子显微镜主要用来观察样品的表面结构，分辨力可达10nm，放大范围很广，可从20倍到几十万倍。透射电子显微镜的分辨力虽然很高，但是一般只能观察切成薄片后的二维图像，扫描电子显微镜能够直接观察样品表面的立体结构，具有明显的真实感。许多电子无法透过的较厚样品，只能用扫描电子显微镜才能看到。

扫描隧道显微镜（scanning tunneling microscope，STM）的横向分辨率可以达到0.1～0.2nm，纵向分辨率可以达到0.01nm，是目前分辨率最高的显微镜，足以对单个的原子进行观察。此外，由于STM在扫描时不接触样品，又没有高能电子束轰击，原则上讲可以避免样品的变形，它可以在真空、保持样品生理条件的大气及液体环境下工作。目前，人们已利用STM直接观察到DNA、RNA和蛋白质等生物大分子及生物膜、古菌的细胞壁、病毒等结构。

（二）电子显微镜的制样

生物样品在进行电镜观察前必须进行固定和干燥，否则镜筒中的高真空会导致其严重脱水，失去样品原有的空间构型。此外，由于构成生物样品的主要元素对电子的散射与吸收的能力均较弱，在制样时一般都需要采用重金属盐染色或喷镀，以提高其在电镜下的反差，形成明暗清晰的电子图像。

1. 透射电镜采用覆盖有支持膜的载网来承载被观察的样品。最常用的载网是铜网，也有用不锈钢、金、银、镍等其他金属材料制备的载网。而支持膜可用塑料膜（如火棉胶膜、聚乙烯甲醛膜等），也可以用碳膜或者金属膜（如铍膜等）。

（1）负染（negative staining）子密度高、本身不显示结构且与样品几乎不反应的物质（如磷钨酸钠或磷钨酸钾）来包围样品，这些重金属盐不被样品成分所吸附，而是沉积到样品四周，如果样品具有表面结构，这种物质还能进入表面上凹陷的部分，这样，在有染液的重金属元素沉积的地方，散射电子的能力强，样品四周表现为暗区；反之，表现为亮区。通过散射电子能力的差异，便能把样品的外形与表面结构清楚地衬托出来。负染技术简便易行，病毒、细菌（特别是细菌鞭毛）、离体细胞器、蛋白质和核酸等生物大分子的形态大小和表面结构，都可以采用这种制样方法进行观察。实际操作时，既可把样品和重金属染料混匀后滴加到支持膜上，也可将样品用贴印或喷雾的方法加到载网上后再用染料进行染色。而对于核酸分子，为避免其结构在进行制样时遭到破坏，通常采用蛋白质单分子膜技术。

（2）投影技术：在真空蒸发设备中，将铂或铬等对电子散射能力较强的金属原子，由样品的斜上方进行喷镀，提高样品的反差。样品上喷镀上金属的一面散射电子的能力强，表现为暗区，而没有喷镀上金属的部分散射电子的能力弱，表现为亮区，从而了解样品的高度和立体形状。投影法可用于观察病毒、细菌鞭毛、生物大分子等微小颗粒。

（3）超薄切片技术：尽管微生物的个体通常都极其微小，但除病毒外，微弱的电子束仍无法透过一般微生物（如细菌）的整体标本，需要制作成100nm以下厚度的超薄切片，超薄切片技术是生物学中研究细胞及组织超微结构最常用、最重要的电镜样品制备技术，其基本操作包括取样、固定、脱水、浸透与包埋、切片、捞片、染色、观察等步骤。

2. 扫描电镜的样品制备比透射电镜的样品制备要简单，要求样品干燥，并且表面能够导电。对大多数生物材料来说，细胞含有大量的水分，表面不导电，所以观察前必须进行处理，去除水分，对表面喷镀金属导电层。为了保持样品不变形，关键是样品干燥。干燥方法有自然干燥、真空干燥、冷冻干燥和临界点干燥等。其中临界点干燥的效果最好，其原理是利用许多物质，如液态CO_2，在一个密闭容器中达到一定的温度和压力后，气液相面消失（即所谓的临界点状态）的性质，使样品在没有表面张力的条件下得到干燥，很好地保持样品的形态。干燥、喷镀金属层后的样品便可用于观察。

三、仪器与材料

（一）实验材料
大肠杆菌（E. coli）斜面。

（二）试剂
0.1mol/L PBS、醋酸戊酯、浓硫酸、无水乙醇、无菌水、2%磷钨酸钠（pH = 6.5 ~ 8.0）水溶液。

（三）实验器具
铜网若干张、瓷漏斗、无菌镊子、无菌滴管、大头针、载玻片、细菌计数板、普通光学显微镜、透射电镜、扫描电镜。

四、实验步骤

（一）制作支持膜
1. 铜网的处理：

（1）用醋酸戊酯浸漂若干小时后，用蒸馏水冲洗数次。

（2）将铜网浸漂在无水酒精中进行脱水。

（3）将洗净的铜网放入瓷漏斗或小培养皿内，漏斗下面套上乳胶管，用止水夹控制水流。

（4）然后缓缓向漏斗内放入无菌水，其量为1cm左右，用无菌镊子尖轻轻排除网上的气泡，并将其均匀地摆在瓷漏斗的中心区域。

2. 配制火棉胶：将1.5g火棉胶溶于100mL醋酸戊酯中。

3. 制膜：

（1）用无菌滴管取上述火棉胶液滴在瓷漏斗的水面上。

（2）待醋酸戊酯蒸发，火棉胶则由于水的表面张力随即在水面上形成一层薄膜（勿振动）。

（3）用镊子将薄膜除掉，如此操作两次以清除水面上的杂质。

（4）然后再滴1滴火棉胶液以形成支持膜（火棉胶液滴的量与膜的厚薄关系很大，要适量控制）。

（5）松开止水夹，缓缓放掉漏斗中的水，使膜自然下沉，并紧贴在铜网上，在此过程中切勿使膜皱折。最后在瓷漏斗上覆盖一洁净的纸，让膜自然干燥。

（6）将干燥后的膜用大头针的针尖在铜网周围划破，再用无菌镊子小心地将铜网膜移到载玻片上，置普通光学显微镜下用低倍镜检查，挑选无皱折、完整无缺、厚薄均匀的铜网膜备用。

（二）透射电镜样品处理与观察

1. 将适量无菌水（约1mL）加入新鲜生长的菌株斜面内，用吸管轻轻拨动菌体，反复轻柔地将斜面上的菌苔冲洗下来，制成菌悬液。用无菌滤纸过滤，并调整滤液中的细胞浓度为每毫升108～109个。

2. 取等量的上述菌悬液与等量2%磷钨酸钠水溶液混合，制成混合菌悬液

3. 用无菌毛细吸管吸取混合菌悬液滴在铜网膜上，经1～5min后，用滤纸吸去余水。

4. 用醋酸双氧铀复染，用滤纸吸去余水。

5. 待样品干燥后，先置低倍光学显微镜下检查，挑选膜完整、菌体分布均匀的铜网膜置透射电子显微镜下观察细胞形态、大小和鞭毛并拍照保存。

（三）细胞超薄切片的制备与透射电镜的观察

1. 玻璃棒刮取适量的平板培养物，悬浮于25%戊二醛溶液中，4℃固定过夜。

2. 去固定液，用0.1mol/L磷酸缓冲液（pH=7.0）漂洗3次，每次15min。

3. 1%锇酸（OsO_4）固定1～2h，去固定液。

4. 用0.1mol/L磷酸缓冲液（pH=7.0）漂洗3次，每次15min。

5. 梯度浓度（50%，70%，80%，90%，95%）的乙醇脱水，每种浓度处理15min；100%乙醇处理20min，纯丙酮处理20min。

6. 包埋剂与丙酮混合液（1：1，v/v）处理1h。

7. 包埋剂与丙酮混合液（3：1，v/v）处理3h。

8. 纯包埋剂处理过夜；70℃加热过夜即得到包埋好的样品。

9. 超薄切片机切片（70～90nm）。

10. 切片经柠檬酸铅和醋酸双氧铀（50%乙醇饱和液）各染15min。

11. 透射电子显微镜观察并拍摄照片。

（四）扫描电镜的样品制备与观察

1. 液体培养的菌体，离心成团。

2. 2.5%戊二醛4℃，固定2h～1周（细菌一般2h即可）。

3. 0.1mol/L PBS洗3次，每次15min。

4. 1%锇酸（OsO_4）固定1～2h。

5. 0.1mol/L PBS洗3次，每次15min。

6. 丙酮系列（30%、50%、70%、80%、90%、95%）脱水，每次15min，最后用100%丙酮洗脱三次。也可用酒精系列（50%、70%、80%、90%）依次脱水各15min，最后用100%丙酮脱水50min。

7. 100%乙酸异戊酯置换2次，每次15min。

8. CO_2临界点干燥，粘台、喷金、扫描电镜观察并拍摄照片。

五、注意事项

1. 由于电子显微镜的整个操作都需要在高真空中进行，所以被观察的微生物标本必须

是干燥的，否则就会引起菌体细胞收缩变形。同时又因为电子流的穿透能力很弱，不能透过载玻片或较厚的标本，所以需要将标本放在由金属网作支架的火棉胶膜或聚乙烯甲醛膜上观察，此膜又称载膜或支持膜（扫描电子显微镜可用盖玻片）。

2. 支持膜的厚度一般在 15nm 左右，太薄会影响它的机械支持力，太厚又会影响成像的分辨力。

3. 如果在无菌水中细胞会破胞，可添加少量 NaCl 维持细胞形态；若是极端嗜盐菌，用 20%NaCl 溶液悬浮菌体。制备的菌悬液不可太浓，否则会影响观察。

六、评议

1. 支持膜可用塑料膜（如火棉胶膜、聚乙烯甲醛膜等），也可以用碳膜或金属膜（如铍膜等）。在常规工作条件下，用塑料膜就可以达到要求。常用的金属网有铜网和不锈钢网。

2. 铜网为圆形，直径一般是 2.3 或 3.0mm，其规格有 150 目、200 目、250 目之分，其中比较常用的是 200 目（200 个孔）。铜网在制膜前要清洗、脱水，否则会影响膜的质量和标本照片的清晰度。若铜网经处理仍不干净，则可用稀释的浓硫酸（1∶1）处理 1min 左右，立即用无菌蒸馏水冲洗数次，然后放入无水酒精中脱水。

3. 透射电镜样品的另一处理方法：新鲜斜面加入适量无菌水，用吸管拨动菌体制成菌悬液，用已经处理过的铜网吸附菌悬液，用滤纸移去多余液滴；加 2%醋酸双氧铀溶液复染，用滤纸移去多余液滴，或用铂蒸汽以 20°角投射。

4. 为了保持形状，常用戊二醛、甲醛、锇酸蒸气等试剂小心固定后再进行染色。

七、实验报告

思考题

1. 比较透射电子显微镜与普通光学显微镜的主要异同点。

2. 利用透射电子显微镜来观察的样品为什么要放在金属网作为支架的火棉胶膜（或其他膜）上？而扫描电子显微镜则可以将样品固定在盖玻片上？

3. 在用负染色法制片时，磷钨酸钠起什么作用？

第四章　微生物染色与形态观察

实验十一　细菌单染色与革兰氏染色

一、实验目的
1. 掌握细菌的涂片及革兰氏染色的基本方法和步骤。
2. 了解革兰氏染色法的原理及其在细菌分类鉴定中的重要性。

二、实验原理
简单染色法是只用一种染料使细菌着色以显示其形态，简单染色不能辨别细菌细胞的构造。革兰氏染色法可将所有的细菌区分为革兰氏阳性菌（G⁺）和革兰氏阴性菌（G⁻）两大类，是细菌学上最常用的鉴别染色法。G⁻菌的细胞壁中含有较多易被乙醇溶解的类脂质，而且肽聚糖层较薄、交联度低，故用乙醇或丙酮脱色时溶解了类脂质，增加了细胞壁的通透性，使初染的结晶紫和碘的复合物易于渗出，结果细菌就被脱色，再经蕃红复染后就成红色。G⁺菌细胞壁中肽聚糖层厚且交联度高，类脂质含量少，经脱色剂处理后反而使肽聚糖层的孔径缩小，通透性降低，因此细菌仍保留初染时的颜色。

三、仪器和材料
（一）菌种
枯草芽孢杆菌 12~20h 牛肉膏蛋白胨斜面培养物、金黄色葡萄球菌 24h 牛肉膏蛋白胨斜面培养物、大肠杆菌 24h 牛肉膏蛋白胨斜面培养物。
（二）染色液和试剂
结晶紫、卢哥氏碘液、95%酒精、番红。
（三）器材或用具
载玻片、接种杯、酒精灯、擦镜纸、显微镜、二甲苯、香柏油。

四、操作步骤
（一）制片
将枯草芽孢杆菌、金黄色葡萄球菌和大肠杆菌分别作涂片（注意涂片切不可过于浓厚），干燥、固定。固定时通过火焰 1~2 次即可，不可过热，以载玻片不烫手为宜。
（二）染色
1. 结晶紫初染
滴加适量（以盖满细菌涂面）的结晶紫染色液染色 1~2min，水洗。
2. 碘液媒染
滴加卢哥氏碘液，媒染 1min，水洗。

3. 乙醇脱色

将玻片倾斜，连续滴加 95% 乙醇脱色 15～25 s 至流出液无色，立即水洗。（革兰氏染色成败的关键是酒精脱色。如脱色过度，革兰氏阳性菌也可被脱色而染成阴性菌；如脱色时间过短，革兰氏阴性菌也会被染成革兰氏阳性菌。）

4. 番红复染

滴加番红复染 2min，水洗。

（三）晾干镜检

干燥后，从低倍镜到高倍镜观察，最后用油镜观察。

五、实验报告

（一）实验结果

1. 用显微摄像系统拍摄油镜下几种细菌染色后的显微照片。
2. 手工绘制油镜下几种细菌的形态图，图旁注明该菌的形态、颜色和革兰氏染色的反应。

（二）思考题

1. 你认为哪些环节会影响革兰氏染色结果的正确性？其中最关键环节是什么？
2. 你的染色结果是否正确？请说明原因。
3. 乙醇脱色后复染前，革兰氏阳性菌和阴性菌分别是什么颜色？
4. 你认为革兰氏染色中，哪一个步骤可以省去而不影响最终结果？

实验十二　细菌芽孢染色

一、实验目的

学习细菌芽孢染色的基本技术方法。

二、实验原理

芽孢又叫内生孢子（endospore），是某些细菌生长到一定阶段在菌体内形成的休眠体，通常呈圆形或椭圆形。细菌能否形成芽孢以及芽孢的形状，芽孢在芽孢囊内的位置，芽孢囊是否膨大等特征是鉴定细菌的依据之一。

芽孢染色法是利用细菌的芽孢和菌体对染料的亲和力不同的原理，用不同染料进行着色，使芽孢和菌体呈不同的颜色而便于区别。芽孢壁厚，透性低，着色、脱色均较困难。因此，应先用弱碱性染料，如孔雀绿（malachite green）或碱性品红（basic fuchsin）在加热条件下进行染色时，此染料不仅可进入菌体，而且也可进入芽孢，进入菌体的染料可经水洗脱色，而进入芽孢的染料则难以透出，若再用复染液（如番红液）或衬托溶液（如黑色素溶液）处理，则菌体和芽孢易于区分。

三、仪器和材料

（一）菌种

枯草芽孢杆菌（*Bacillus subtilis*）、苏云金芽孢杆菌（*Bacillus thuringiensis*）、蜡状芽孢杆菌（*Bacillus cereus*）、生孢梭菌（*Clostridium sporogenes*）。

（二）染色液

孔雀绿染液、番红水溶液、苯酚品红溶液、黑色素溶液等。

（三）仪器用品

无菌水、载玻片、接种环、显微镜、擦镜纸、二甲苯、香柏油等。

四、实验步骤

（一）方法 1

1. 将培养 24h 左右的枯草芽孢杆菌或其他芽孢杆菌，作涂片、干燥、固定。

2. 滴加 3~5 滴孔雀绿染液于已固定的涂片上。

3. 用木夹夹住载玻片在火焰上加热，使染液冒蒸汽但勿沸腾，切忌使染液蒸干，必要时可添加少许染液。加热时间从染液冒蒸汽时开始计算约 4~5min。这一步也可不加热，改用饱和的孔雀绿水溶液（约 7.6%）染 10min。

4. 倾去染液，待玻片冷却后水洗至孔雀绿不再退色为止。

5. 用番红水溶液复染 1min，水洗。

6. 待干燥后，置油镜观察，芽孢呈绿色，菌体呈红色。

（二）方法 2

1. 取 2 支洁净的小试管，分别加入 0.2mL 无菌水，再往一管中加入 2~3 接种环的蜡状芽孢杆菌的菌苔，另一管中加入 2~3 接种环的生孢梭菌的菌苔，两管中各自充分混合成浓厚的菌悬液。

2. 在菌悬液中分别加入 0.2mL 苯酚品红溶液，充分混合后，于沸水浴中加热 3~5min。

3. 用接种环分别取上述混合液 2~3 环于两载玻片上，涂薄，风干后，将载玻片稍倾斜于烧杯上，用 95% 乙醇冲洗至无红色液流出。

4. 再用自来水冲洗，滤纸吸干。

5. 取 1~2 接种环黑色素溶液于涂片处，立即展开涂薄，自然风干后，油镜观察。在淡紫色背景的衬托下，菌体为白色，菌体内的芽孢为红色。

五、实验报告

（一）结果记录

1. 用显微摄像系统拍摄两种细菌菌体及芽孢的显微照片。

2. 手工绘制观察到的两种细菌芽孢情况，表示出芽孢在形态、大小、着生位置的不同。

（二）思考题

1. 两种细菌的芽孢在形状、大小及着生位置上有什么不同？

2. 为什么要选择培养 24h 左右的芽孢杆菌进行观察？

3. 为什么在孔雀绿染色液加热染色中，要待玻片冷却后才能用水冲洗？

实验十三 细菌的荚膜染色

一、实验目的

学习荚膜染色的基本技术方法。

二、实验原理

荚膜（Capsule）是某些细菌在细胞壁外包围的一层黏液性物质，主要成分是多糖类物质，但也有少数细菌荚膜的主要成分为多肽物质。荚膜不易着色，可用特殊染色法将荚膜染成与菌体不同的颜色。如用黑色素染液作负染色，先用墨汁将背景涂黑，然后用染料染菌体，则荚膜显现更为清楚，即负染色法（亦称衬托法）。荚膜疏松且较薄，其含水率在90%~98%，故制片时一般不加热固定，而让其自然干燥固定，以免荚膜失水变形。

三、仪器和材料

（一）菌种

圆褐固氮菌（*Azotobacter chroococcum*）。

（二）染色液

黑色素溶液（或绘图墨汁）、蕃红染液、纯甲醇溶液。

（三）仪器用品

载玻片、接种环、显微镜、擦镜纸、二甲苯、香柏油等。

四、实验步骤

1. 在干净载玻片的中央部位滴加一滴无菌水，用接种环取少许培养了72h左右的圆褐固氮菌在水滴中制成菌悬液，充分混匀。

2. 然后再向菌悬液中加入一滴新配好的黑色素溶液（或绘图墨水），另取一张干净的载玻片将液滴向两边刮开，形成均匀的薄层，自然晾干或用冷风吹干。

3. 滴加适量纯甲醇溶液覆盖涂片区，固定1min。

4. 加番红染液数滴覆盖涂片区，冲去残余的甲醇，并染色30s。以细水流适当冲洗至冲洗水流无色，晾干后油镜检查。油镜下的结果应为背景黑色，荚膜无色，细胞红色。

注意事项：载玻片一定要洗干净无油污，否则不宜刮开形成薄层。

五、实验报告

（一）结果记录

1. 用显微摄像系统拍摄圆褐固氮菌菌体及荚膜的显微照片。
2. 手工绘制圆褐固氮菌菌体及荚膜图形。

（二）思考题

1. 荚膜染色过程中应该注意什么？
2. 为什么在荚膜染色中一般不用热固定，而用纯甲醇固定？

实验十四　细菌的鞭毛染色

一、实验目的

学习鞭毛染色的基本技术方法。

二、实验原理

鞭毛是存在于某些细菌菌体上的细长而弯曲的丝状附属物，少则 1~2 根，多则可达数百根。鞭毛的长度常超过菌体若干倍，是细菌的运动器官。细菌的鞭毛极细，直径一般为 10~20nm，只有用电子显微镜才能观察到。但是，如采用特殊的鞭毛染色法，则在普通光学显微镜下也能看到它。鞭毛染色方法很多，但其基本原理相同，即在染色前先用媒染剂处理，让它沉积在鞭毛上，使鞭毛直径加粗，然后再对加粗的鞭毛进行着色，使其在普通光学显微镜下可见。

由于鞭毛菌在液体环境下利用鞭毛可自由移动，速度迅速。对细菌可通过采用悬滴法或压滴法制作的标本观察其是否有运动性，来判断细菌有无鞭毛。观察时要将光线调弱，增加反差，便于观察。

三、仪器和材料

（一）菌种

枯草芽孢杆菌（*Bacillus subtilis*）、金黄色葡萄球菌（*Staphylococcus aureus*）。

（二）染色液

鞭毛染色液（A 液、B 液）、美兰水染液（1∶10000）。

（三）仪器用品

凡士林、无菌水、载玻片、凹玻片、盖玻片、接种环、显微镜、擦镜纸、二甲苯、香柏油等。

四、实验步骤

（一）鞭毛染色

1. 菌种准备

预先将菌种在斜面转接 2~3 次，进行活化。将活化后的菌种接种到新鲜的斜面底部的无菌水中或半固体平板上，37℃培养 15h 左右。

2. 涂片固定

涂片前，可先用悬滴法或压滴法制片观察细菌的运动性，若运动性较好，则适宜涂片进行鞭毛染色。在载玻片一端滴一滴无菌水，无菌操作条件下用接种环轻轻挑起斜面底部水面交界处菌苔（平板菌落最好取边缘部分），接种环在载玻片水滴中轻轻沾几下。然后稍微倾斜载玻片，使含菌水滴缓缓从玻片上端流向下端，然后平放让其自然晾干。切勿用接种环涂抹，以免损伤鞭毛。

3. 染色

涂片干燥后加 A 液染 3~5min，用蒸馏水冲洗干净 A 液（要充分冲洗干净，否则残留的 A 液与 B 液反应，使背景很脏，呈棕褐色，不易分辨鞭毛）。加 B 液完全覆盖涂片区域，将玻片在酒精灯上稍微加热至冒汽后，染色 30~60s，然后用水冲洗干净，自然干燥。

4. 镜检

镜检时，菌体为深褐色，鞭毛呈现褐色。如未见鞭毛，应在整个涂片上多找几个视野观察，以免误判。

（二）运动性观察

1.压滴法

（1）取 3~5mL 无菌水倒入斜面培养物内，制成菌悬液。取出 1mL 稀释至肉眼看不见浑浊即可。

（2）取一滴稀释菌液滴于载玻片中央，再取一滴美兰水溶液滴入其中混合。

（3）拿住盖玻片的一角，使其一边先接触载玻片上的菌液，缓缓放下盖玻片，马上至水平位置时，松开盖玻片，注意不要产生气泡。若感觉液体较多，可用吸水纸适当吸取一部分液体，以免滴洒。

（4）镜检时，先低倍镜找到标本，再换高倍镜。观察时候光线应该调暗，利于观察。

2.悬滴法

（1）取一张干净盖玻片，在一面的四周涂少许凡士林。

（2）取 3~5mL 无菌水倒入斜面培养物内，制成菌悬液。然后在盖玻片中央滴一小滴菌悬液。

（3）将凹玻片凹槽面朝下，凹槽中心对准盖玻片中央菌液滴，轻轻盖在盖玻片上，凹玻片便与盖玻片粘在一起。翻转凹玻片，使液滴悬浮在盖玻片下和凹窝中心（图4-1）。

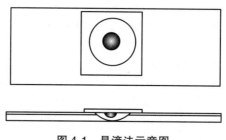

图 4-1　悬滴法示意图

（4）镜检时，先低倍镜找到悬滴边缘，再换高倍镜观察。由于菌体是透明的，镜检时可适当缩小光圈或降低聚光器，使光线变暗以增大反差，便于观察。镜检时要仔细辨别是细菌的运动还是分子运动（即布朗运动），前者在视野下可见细菌自一处游动至他处，而后者仅在原处左右摆动。细菌的运动速度依菌种不同而异，应仔细观察。

五、实验报告

（一）结果记录

1.用显微摄像系统拍摄两种细菌鞭毛染色及运动性的显微照片。

2.手工绘制观察到的细菌及鞭毛着生情况。

（二）思考题

所观察的两种菌是否都有鞭毛？是否都有运动性？为什么？

实验十五　微生物显微直接计数（血球计数板）

一、实验目的

1.明确显微镜计数的原理。

2. 学习使用血球计数板进行微生物计数的方法。

二、实验原理

利用血球计数板在显微镜下直接计数，是一种常用的微生物计数方法。此法的优点是直观、快速。将经过适当稀释的菌悬液（或孢子悬液）放在血球计数板载玻片与盖玻片之间的计数室中，在显微镜下进行计数。由于计数室的容积是一定的（0.1mm²），所以可以根据在显微镜下观察到的微生物数目来换算成单位体积内的微生物总数目。由于此法计得的是活菌体和死菌体的总和，故又称为总菌计数法。

血球计数板（图4-2），通常是一块特制的载玻片，其上由4条槽构成3个平台。中间的平台又被一短横槽隔成两半，每一边的平台上各刻有一个方格网，每个方格网共分9个大方格，中间的大方格即为计数室，微生物的计数就在计数室中进行。

图4-2　血球计数板

计数室的刻度一般有两种规格，一种是一个大方格分成16个中方格，而每个中方格又分成25个小方格；另一种是一个大方格分成25个中方格，而每个中方格又分成16个小方格。但无论是哪种规格的计数板，每一个大方格中的小方格数都是相同的，即 16×25＝400 小方格，如图4-3所示。

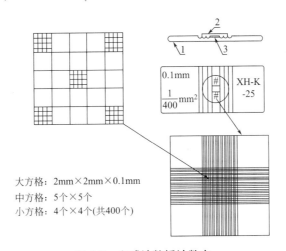

大方格：2mm×2mm×0.1mm
中方格：5个×5个
小方格：4个×4个(共400个)

图4-3　血球计数板计数室

每一个大方格边长为1mm，则每一大方格的面积为1mm²，盖上盖玻片后，载玻片与盖玻片之间的高度为0.1mm，所以计数室的容积为0.1mm³。

在计数时，通常数5个中方格的总菌数，然后求得每个中方格的平均值，再乘上16或25，就得出一个大方格中的总菌数，然后再换算成1mL菌液中的总菌数。

下面以一个大方格有25个中方格的计数板为例进行计算：设5个中方格中总菌数为 A，菌液稀释倍数为 B，那么，一个大方格中的总菌数（即0.1mm³中的总菌数）为 $\frac{A}{5}\times25\times B$。

因 1mL＝1cm³＝1000mm³，故 1mL 菌液中的总细菌数 $=\frac{A}{5}\times25\times B=50000A\cdot B$（个）。

同理，如果是 16 个中方格的计数板，设五个中方格的总菌数为 A'，则 1mL 菌液中总菌数 $=\dfrac{A'}{5}\times16\times10\times1000\times B'=32000A'\cdot B'$（个）。

三、实验器材

（一）实验材料
酿酒酵母菌悬液。

（二）实验器材
血球计数板、显微镜、盖玻片、无菌毛细管、吸水纸等。

四、操作步骤

（一）稀释
将酿酒酵母菌悬液进行适当稀释，菌液如不浓，可不必稀释。

（二）镜检计数室
在加样前，先对计数板的计数室进行镜检。若有污物，则需清洗后才能进行计数。

（三）加样品
将清洁干燥的血球计数板盖上盖玻片，再用无菌的细口滴管将稀释的酿酒酵母菌液由盖玻片边缘滴一小滴（不宜过多），让菌液沿缝隙靠毛细渗透作用自行进入计数室，一般计数室均能充满菌液。注意不可有气泡产生。

（四）显微镜计数
静止 5min 后，将血球计数板置于显微镜载物台上，先用低倍镜找到计数室所在位置，然后换成高倍镜进行计数。在计数前若发现菌液太浓或太稀，需重新调节稀释度后再计数。一般样品稀释度要求每小格内约有 5～10 个菌体为宜。每个计数室选 5 个中格（可选 4 个角和中央的中格）中的菌体进行计数。位于格线上的菌体一般只数上方和右边线上的。如遇酵母出芽，芽体大小达到母细胞的 1/2 时，即作 2 个菌体计数。计数一个样品要从 2 个计数室中计得的值来计算样品的含菌量。

（五）清洗血球计数板
使用完毕后，将血球计数板在水龙头上用水柱冲洗，切勿用硬物洗刷，洗完后自行晾干或用吹风机吹干。镜检，观察每小格内是否有残留菌体或其他沉淀物。若不干净，则必须重复洗涤至干净为止。

五、实验报告

（一）结果记录
将结果记录于下表中。

	各中格菌数					总菌数	菌液稀释倍数	菌数（mL）	每室平均值
	1	2	3	4	5				
1室									
2室									

（二）思考题

根据实验的体会，说明用血球计数板计数的误差主要来自哪些方面？应如何尽量减少误差，力求准确？

实验十六　酵母菌的形态观察及死、活细胞鉴别

一、实验目的

1. 观察酵母菌的细胞形态。
2. 学习掌握区分酵母菌死、活细胞的染色方法。

二、实验原理

酵母菌是多形的、不运动的单细胞真核微生物，细胞核与细胞质已有明显的分化，菌体比细菌大。繁殖方式也较复杂，无性繁殖主要是出芽生殖，仅裂殖酵母属是以分裂方式繁殖；有性繁殖是通过接合产生子囊孢子。

本实验通过用美蓝染色制成水浸片，和水-碘水浸片来观察生活的酵母形态和出芽生殖方式。美蓝是一种无毒性染料，氧化型是蓝色的，而还原型是无色的。用它来对酵母的活细胞进行染色，由于细胞中新陈代谢的作用，使细胞有较强的还原能力，能使美蓝从蓝色的氧化型变为无色的还原型，所以酵母的活细胞无色，而对于死细胞或代谢缓慢的老细胞，则因它们无此还原能力或还原能力极弱，而被美蓝染成蓝色或淡蓝色。因此，用美蓝水浸片不仅可观察酵母的形态，还可以区分死、活细胞。但美蓝的浓度、作用时间等均有影响，应加注意。

三、实验材料

（一）实验材料

安琪酵母或酿酒酵母（*Saccharomyces cerevisiae*）。

（二）试剂

0.05%及0.1%吕氏碱性美蓝染液、革兰氏染色用的碘液。

（三）实验器材

光学显微镜、载玻片、盖玻片、滴管等。

四、实验步骤

（一）美蓝浸片观察

1. 一种方法是在载玻片中央加一滴0.1%吕氏碱性美蓝染液，液滴不可过多或过少，以免盖上盖玻片时，溢出或留有气泡。然后按无菌操作法取在豆芽汁琼脂斜面上培养48h的酿酒酵母少许，放在碱性美蓝染液中，使菌体与染液均匀混合。另一种方法是在载玻片中央加一滴0.1%吕氏碱性美蓝染液后，再加入一滴现配的安琪酵母菌悬液（安琪酵母粉加入到少量自来水中，搅拌均匀即可）。

2. 用镊子夹盖玻片一块，小心地盖在液滴上。盖片时应注意不能将盖玻片平放下去，应先将盖玻片的一边与液滴接触，然后将整个盖玻片慢慢放下，这样可以避免产生气泡。

3. 将制好的水浸片放置 3min 后镜检，先用低倍镜观察，然后换用 40 倍物镜观察安琪酵母或酿酒酵母的形态和出芽情况，同时可以根据是否染上颜色来区别死、活细胞。

4. 染色 0.5h 后，再观察一下死细胞数是否增加。

5. 用 0.05% 吕氏碱性美蓝染液重复上述的操作。

（二）水-碘浸片观察

在载玻片中央滴一滴革兰氏染色用的碘液，然后再在其上加 3 滴水。用接种环取酿酒酵母少许，放在水-碘液滴中，使菌体与溶液混匀，盖上盖玻片后 40 倍物镜镜检。或者用滴管取安琪酵母菌悬液少许，滴加 1 滴至水-碘液滴中，使菌体与溶液混匀，盖上盖玻片后 40 倍物镜镜检。

五、实验报告

（一）结果记录

1. 用显微摄像系统拍摄观察到的酵母菌显微照片，要求视野中要有不同着色情况的酵母菌细胞。

2. 手工绘制观察到的酵母菌形态图。

（二）思考题

1. 如何区分酵母菌的死细胞和活细胞？

2. 酵母菌细胞和细菌细胞在大小、细胞结构上有何区别？

实验十七　放线菌的形态观察

一、实验目的

1. 掌握观察放线菌形态的基本方法。

2. 观察放线菌的形态特征。

二、实验原理

和细菌的单染色一样，放线菌也可用石炭酸复红或吕氏碱性美蓝等染料着色后，在显微镜下观察其形态。玻璃纸具有半透膜特性，其透光性与载玻片基本相同，使放线菌生长在玻璃纸琼脂平皿上，然后将长菌的玻璃纸剪取一小片，贴放在载玻片上，用显微镜即可观察到放线菌自然生长的个体形态。

放线菌是由不同长短的纤细的菌丝所形成的单细胞菌丝体。菌丝体分为两部分，即潜入培养基中的营养菌丝（或称基内菌丝）和生长在培养基表面的气生菌丝。有些气生菌丝分化成各种孢子丝，呈螺旋形、波浪形或分枝状等。孢子常呈圆形、椭圆形或杆形。气生菌丝及孢子的形状和颜色常作为分类的重要依据。

三、实验材料

（一）实验材料

蓝色链霉菌（*Streptomyces coelicolor*）、白色链霉菌（*Streptomyces albulus*）。

（二）培养基/试剂

石炭酸复红染液、吕氏碱性美蓝染液、加拿大树胶、玻璃纸、高氏 1 号培养基。

（三）实验器材

显微镜、载玻片、盖玻片、玻璃棒、接种铲、小刀、镊子等。

四、实验步骤

（一）放线菌自然生长状态的观察

1. 将灭菌后的高氏 1 号培养基倒入培养皿，每皿倒 15mL 左右，凝固后备用。

2. 用经火焰灭过菌的小镊子将灭菌优质玻璃纸平铺在平皿培养基上，如果琼脂培养基和玻璃纸之间有气泡，可以用灭过菌的玻璃棒将气泡除去。

3. 将 3~5mL 无菌水倒入白色链霉菌（或蓝色链霉菌）的斜面培养物里，制成菌悬液，再适当稀释。

4. 用无菌吸管取 0.1mL 的孢子悬液稀释液，接种在玻璃纸上，并用无菌玻璃棒涂匀后，置 28℃培养，直至菌长好，备用。

5. 在洁净的载玻片上滴一小滴水，稍涂布。取出培养皿，打开皿盖，用镊子将玻璃纸与培养基分开，再用剪刀剪取小片长有菌的玻璃纸，菌面朝上放在载玻片的水面上，使纸平贴载玻片。

6. 将载玻片置显微镜下观察。

附：玻璃纸灭菌方法　在玻璃纸灭菌时，若直接将干燥的玻璃纸灭菌，它就会缩小，不便使用。故需作如下处理：将玻璃纸和滤纸剪成培养皿大小的圆形纸片，用水浸泡后把湿滤纸和玻璃纸交互重叠地放在培养皿中，借滤纸将玻璃纸隔开。然后进行湿热灭菌，备用。

（二）营养菌丝的观察

1. 用接种铲连同培养基挑取白色链霉菌（或蓝色链霉菌）菌苔置载玻片中央。

2. 用另一载玻片将其压碎，弃去培养基，制成涂片，干燥、固定。

3. 用吕氏碱性美蓝染液或石炭酸复红染液染 0.5~1min，水洗。

4. 干燥后，用油镜观察营养菌丝的形态。

（三）气生菌丝与营养菌丝的比较观察（插片法）

1. 将高氏 1 号培养基倒入无菌培养皿，制成 4mm 左右的培养基平板，经培养检验无菌后，备用。

2. 用火焰灭菌的镊子将无菌盖玻片以 45°倾斜角插入平皿培养基琼脂内，然后将白色链霉菌（或蓝色链霉菌）的孢子悬液（浓度以稀释 10^{-2}~10^{-3} 为好）接种在盖玻片与平皿培养基的界面上（图 4-4）。

3. 倒置于 28℃培养 4~5d 后，小心地将盖玻片取出，把有菌的一面朝上，放在载玻片上，置显微镜下进行观察。一般情况是气生菌丝颜色较深，并比营养菌丝粗 2 倍左右。

（四）孢子丝及孢子的观察（印片染色法）

1. 将培养 3~4 天的白色链霉菌（或蓝色链霉菌）的培养皿打开，放在显微镜低倍镜下寻找菌落的边缘，直接观察气生菌丝和孢子丝的形态，注意其分枝情况、卷曲情况等。

2. 取清洁的盖玻片一块，在菌落上面轻轻按压一下，然后将印有痕迹的一面朝下放在

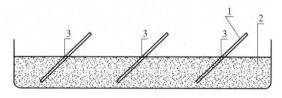

图 4-4 插片法
1—盖玻片；2—培养基；3—接种处

有一滴吕氏碱性美蓝染液的载玻片上，将孢子等印浸在染液中，制成印片。用油镜观察孢子的形状、孢子丝等。

3.取干净载玻片一块，在玻片中央加一小滴加拿大树胶，树胶摊成一薄层，放置数分钟，使略微晾干（但不要过分干燥）。然后用小刀切取白色链霉菌（或蓝色链霉菌）培养体一块（带培养基切下）。将培养体表面贴在涂有树胶的玻片上，用另一玻片轻轻按压（不要压碎），然后将放线菌培养体小心弃去，注意不要使培养体在玻片上滑动，否则印痕模糊不清。将制好的印片通过火焰固定，用石炭酸复红染色 1min，水洗，晾干（不能用吸水纸吸干）。用油镜观察孢子丝的形态及孢子排列情况。

五、实验报告

（一）结果记录

1.用显微摄像拍摄观察到的放线菌的显微照片。

2.绘图并说明你所观察到的放线菌的形态特征。

（二）思考题

1.用玻璃纸覆盖在培养基上能否培养细菌，为什么？

2.用插片法如何制备放线菌标本，其优点是什么？

3.放线菌和细菌菌落形态上有何差异？

实验十八 霉菌的形态观察

一、实验目的

1.学习并掌握观察霉菌形态的基本方法。

2.观察比较不同霉菌的形态特征。

二、实验原理

霉菌菌丝较粗大，细胞易收缩变形，而且孢子很容易飞散，所以制标本时常用乳酸石炭酸棉蓝染色液。此染色液制成的霉菌标本片特点是：细胞不变形；具有杀菌防腐作用，且不易干燥，能保持较长时间；溶液本身呈蓝色，有一定染色效果。

霉菌自然生长状态下的形态，常用载玻片观察，此法是接种霉菌孢子于载玻片上的适宜培养基上，培养后用显微镜观察。此外，为了得到清晰、完整、保持自然状态的霉菌形态，还可利用玻璃纸透析培养法进行观察。此法是利用玻璃纸的半透膜特性及透光性，将霉菌生长在覆盖于琼脂培养基表面的玻璃纸上，然后将长菌的玻璃纸剪取一小片，贴放在载玻片上用显微镜观察。

三、实验材料

（一）实验材料

青霉（*Penicillium* sp.）、曲霉（*Aspergillus* sp.）、根霉（*Rhizopus* sp.）、毛霉（*Mucor* sp.）。

（二）培养基/试剂

乳酸石炭酸棉蓝染色液、20%甘油、查氏培养基平板、马铃薯培养基。

（三）实验器材

无菌吸管、载玻片、盖玻片、U形棒、解剖刀、玻璃纸、滤纸等。

四、实验步骤

（一）一般观察法

于洁净载玻片上，滴一滴乳酸石炭酸棉蓝染色液，用解剖针从霉菌菌落的边缘处取小量带有孢子的菌丝置染色液中，再细心地将菌丝挑散开，然后小心地盖上盖玻片，注意不要产生气泡。置显微镜下先用低倍镜观察，必要时再换高倍镜。

（二）载玻片观察法

1. 将略小于培养皿底内径的滤纸放入皿内，再放上U形玻棒，其上放一洁净的载玻片，然后将两个盖玻片分别斜立在载玻片的两端，盖上皿盖，把数套（根据需要而定）如此装置的培养皿叠起，包扎好，用 $1.05kg/cm^2$，121.3℃灭菌20min或160℃干热灭菌2h，备用。

2. 将6~7mL灭菌的马铃薯葡萄糖培养基倒入直径为9cm的灭菌平皿中，待凝固后，用无菌解剖刀切成 $0.5~1cm^2$ 的琼脂块，用刀尖铲起琼脂块放在已灭菌的培养皿内的载玻片上，每片上放置2块。

3. 用灭菌的尖细接种针或装有柄的缝衣针，取（肉眼跟方能看见的）一点霉菌孢子，轻轻点在琼脂块的边缘上，用无菌镊子夹着立在载玻片旁的盖玻片盖在琼脂块上，再盖上皿盖。

4. 在培养皿的滤纸上，加无菌的20%甘油数毫升，至滤纸湿润即可停加。将培养皿置28℃培养一定时间后，取出载玻片置显微镜下观察。

（三）玻璃纸透析培养观察法

1. 向霉菌斜面试管中加入5mL无菌水，洗下孢子，制成孢子悬液。

2. 用无菌镊子将已灭菌的、直径与培养皿相同的圆形玻璃纸覆盖于查氏培养基平板上。

3. 用lmL无菌吸管吸取0.2mL孢子悬液于上述玻璃纸平板上，并用无菌玻璃刮棒涂抹均匀。

4. 置28℃温室培养48h后，取出培养皿，打开皿盖，用镊子将玻璃纸与培养基分开，再用剪刀剪取一小片玻璃纸置载玻片上，用显微镜观察。

五、实验报告

（一）结果记录

1. 拍摄观察到的霉菌的显微照片。

2. 绘图并比较说明你所观察到的几种霉菌的形态特征。

（二）思考题

1. 霉菌的无性孢子和有性孢子各有几种？

2. 比较细菌、放线菌、酵母菌和霉菌在形态结构上有何异同？

3. 玻璃纸应怎样进行灭菌？为什么？

实验十九　活性污泥生物相观察及污泥沉降性能测定

一、实验目的

1. 掌握压滴法制作玻片。

2. 通过对活性污泥生物相观察、污泥沉降性能的简单测定，了解污泥生物相与污泥性能之间的关系。

3. 能够熟练使用显微镜，掌握污泥中常见的微生物的种类和辨别方法、微生物数量的测算和污泥性能的测定方法。

二、实验原理

活性污泥是由多种好氧和兼性厌氧微生物与污水中的颗粒物交织凝聚在一起形成的絮状绒粒，是由细菌为主体包含多种微生物构成的生态系统。对活性污泥生物性能的了解，可以迅速对污泥的活性及其沉淀性能做出判断。活性污泥生物相包括微生物的种类、菌胶团形态与质地、微生物的活动情况，是反映污泥生物性能的重要特征。

活性污泥和生物膜是生物法处理废水的主体，污泥中微生物的生长、繁殖、代谢活动以及微生物之间的演替情况往往直接反映了处理状况。原生动物是一类不进行光合作用的、单细胞的真核微生物。原生动物的形态多种多样，有游泳型的和固着型的两种。游泳型的如漫游虫、盾纤虫等；固着型的如小口钟虫、大口钟虫和等枝虫等；微型后生动物是多细胞的微型动物，常见的有轮虫、线虫等。

在操作管理中除了利用物理、化学的手段来测定活性污泥的性质，还可借助于显微镜观察微生物的状况来判断废水处理的运行状况，以便及早发现异常状况，及时采取适当的对策，保证稳定运行，提高处理效果。为了监测微型动物演替变化状况还需要定时进行计数。

三、实验器材

（一）实验材料

污水处理厂活性污泥、MBR 活性污泥、SBR 活性污泥、A²/O 处理工艺 O 段活性污泥。

（二）实验器材

显微镜、血球计数板、载玻片、盖玻片、滴管、滤纸、100mL 量筒。

四、操作步骤

（一）活性污泥生物相观察

1. 压片标本的制备

用滴管将污泥混合液从血球计数板的盖玻片边缘注入计数区，1~2min 后在显微镜下观察与计数；或者在载玻片中央位置上滴加一滴活性污泥混合液，盖上盖玻片（注意不要形成气泡），直接在显微镜下观察与计数。

2. 显微镜观察

（1）低倍镜观察

观察生物相全貌，要注意污泥絮粒的形状、结构、紧密度以及污泥中丝状菌的数量。根据活性污泥中丝状菌与菌胶团细菌的比例，可将丝状菌分成五个等级：

0 级：污泥中几乎无丝状菌存在；

±级：污泥中存在少量丝状菌；

+级：存在中等数量的丝状菌，总量少于菌胶团细菌；

++级：存在大量丝状菌，总量与菌胶团细菌相当；

+++级：污泥絮粒以丝状菌为骨架，数量超过菌胶团细菌而占优势。

（2）高倍镜观察

用高倍镜观察，可进一步看清微型动物的结构特征，观察时注意微型动物的外形和内部结构。观察菌胶团时，应注意胶质的厚薄和色泽，新生菌胶团出现的比例。观察丝状菌时，注意菌体内是否有类脂物质和硫粒的积累，以及丝状菌生长、丝体内细胞的排列，形态和运动特征，以便判断丝状菌的种类，并进行记录。

（3）油镜观察

鉴别丝状菌种类时，需要使用油镜。这时可将活性污泥样品先制成涂片后再染色，应注意丝状菌是否存在假分支和衣鞘，菌体在衣鞘内的空缺情况，菌体内有无储藏物质以及储藏物质的种类。

3. 微型动物的计数

先用低倍镜寻找血球计数板上大方格网的位置（视野可调暗一些），找到计数室后将其移至视野的中央，再换高倍镜观察和计数。为了减少误差，所选的中格位置应布点均匀，如规格为 25 个中格的计数室，通常取 4 个角上的 4 个中格及中央的 1 个中格共 5 个中格进行计数。为了提高精度，每个样品必须重复计数 2~3 次。

4. 计算

先求得每中格微型动物数的平均值，乘以中格数（16 或 25），即为一大格（0.1mm^3）中的总数，再乘以 10^4，则为每毫升稀释液的总数，如要换算成原液的总数，乘以稀释倍数即可。

（二）污泥沉降体积比测定

测定污泥沉降体积比。将摇匀的污泥混合液 100mL 倒入量筒，静置 30min，观测污泥所占体积。比较不同污泥的生物相与它们的污泥沉降体积比。

五、实验报告

(一) 实验结果

1. 记录观察结果（包括：絮体大小、絮体形态、絮体结构、絮体紧密度、丝状菌数量、游离细菌以及微型动物种类数量等），对活性污泥（生物膜）的总体情况进行分析。在表中填出观察到的几种活性污泥中生物相的特点。

污泥来源	生物相								SV（%）
	菌胶团			原生动物		后生动物			
	大小	颜色	透明度	数量	种类	数量	种类	活力	

2. 用显微摄像系统拍摄并手工描绘观察到的活性污泥生物相中原生动物或后生动物个体形态图。

(二) 思考题

1. 原生动物中各纲在污水生物处理中如何起指示作用？

2. 活性污泥的沉降性能与微生物的种类及活动情况有没有相关性？

第二部分 微生物的生化及分子生物学特征测定实验技术

第五章 细菌生化特征常规测定试验

当分离出一种未知微生物时，一般需要对其进行种属鉴别。常用的有《伯杰氏系统细菌学手册》、《常见细菌系统鉴定手册》、《真菌鉴定手册》等，对微生物种属鉴定都首先需要对所鉴定的微生物进行形态特征、结构特点、培养生长特征、生化特征等表型特征的鉴定。在此基础上，再通过基因测序等分子生物学手段，以 DNA 资料给予决定性的判断。仅仅用分子生物学方法进行某种微生物的鉴定是不够严谨的，必须与常规的形态结构、生长特征、生化特征等结合，才能做出最终的鉴定结论，才能保证鉴定结果的正确性。

本部分内容包括环境微生物中常见细菌的生化特征测定试验，旨在使读者能够根据测定结果和鉴定手册中的细菌种属描述进行核对，再结合目前普遍使用的分子生物学特征测定实验技术，达到鉴定菌种的目的。

一、氧化酶

（一）试剂

盐酸二甲基对苯撑二胺（或四甲基对苯撑二胺）1%水溶液于茶色瓶中，在冰箱中4℃贮存。

（二）实验操作

在干净培养皿里放一张滤纸，滴上二甲基对苯撑二胺的 1%水溶液，仅使滤纸湿润即可，不可过湿。用白金丝接种环（不可用镍铬丝）取 18～24h 的菌苔，涂抹在湿润的滤纸上，在 10s 内涂抹的菌苔现红色者为阳性，（四甲基对苯撑二胺呈蓝色）10～60s 现红色者为延迟反应，60s 以上现红色者不计，按阴性处理。

（三）氧化酶试纸制作及测定法

将质地较好的滤纸用 1%盐酸二甲基对苯撑二胺浸湿，在室内悬挂风干。干后，剪裁成适当大小的纸条，放在有橡皮塞的试管中密封保存，在 4℃冰箱中可存数月，使用前用白金丝接种环将菌苔抹在纸条上，于 10s 内出现红色为氧化酶阳性。如纸条储存过久，颜色不明显，则不宜使用。

（四）操作注意事项

1. 二甲基对苯撑二胺溶液易于氧化，一般可于冰箱中贮存 2 周。如溶液颜色转红褐色，则不宜使用。

2. 铁、镍等金属可催化二甲基对苯撑二胺呈红色，故不宜用电炉丝或铁丝等取菌苔。

如无白金丝，可用玻棒或灭菌牙签取菌苔涂抹。

3. 在滤纸上滴加试液以刚刚湿润为宜。如滤纸过湿，妨碍空气与菌苔接触，则延长显色时间，造成假阴性。

二、过氧化氢酶

（一）试剂

3%~10%过氧化氢（H_2O_2）。

（二）接种与结果观察

将24h培养的斜面菌种，以铂丝接种环取一小环涂抹于已滴有3%过氧化氢的玻片上，如有气泡产生则为阳性，无气泡为阴性。

三、葡萄糖氧化发酵

（一）培养基

1. 休和利夫森二氏培养基

蛋白胨 2g，NaCl 5g，K_2HPO_4 0.2g，葡萄糖 10.0g，琼脂 6.0g，溴百里酚蓝（溴麝香草酚蓝）1%水溶液 3mL（先用少量95%乙醇溶解后，再加水配成1%水溶液），蒸馏水1000mL。pH=7.0~7.2，分装试管，培养基高度约4.5cm，115℃蒸气灭菌20min。

2. 博德和霍尔二氏培养基

$NH_4H_2PO_4$ 0.5g，K_2HPO_4 0.5g，酵母膏 0.5g，葡萄糖 10.0g，琼脂 5~6g，溴百里酚蓝（溴麝香草酚蓝）1%水溶液 3mL（先用少量95%乙醇溶解后，再加水配成1%的水溶液），蒸馏水1000mL，pH=7.0~7.2，分装，灭菌同上。

（二）接种

1. 以18~24h幼龄菌种作种子，穿刺接种，每株4支。

2. 其中2支用灭菌的凡士林石蜡油（熔化的2/3凡士林中加入1/3液体石蜡，高压灭菌）封盖，约0.5~1cm厚，以隔绝空气为闭管。另2支不封油为开管，同时还要有不接种的闭管和开管作对照。

3. 适温培养1d，2d，3d，7d，14d观察结果。

（三）结果检查

1. 只有开管产酸变黄者为氧化型；开管和闭管均产酸变黄者为发酵型。

2. 本实验可同时观察细菌的运动性，观察运动性时琼脂软硬必须合适，琼脂的浓度以放倒试管不流动，轻轻敲打则琼脂柱破碎为宜。

3. 如培养基制好后，在温度较低的地方存放，在使用前应在沸水中融化，并用冷水速凝后立即使用。否则溶于培养基中的空气会干扰观察发酵产酸的结果。

四、甲基红（M.R）

（一）培养基

蛋白胨 5g，葡萄糖 5g，K_2HPO_4（或 NaCl）5g，水 1000mL，pH=7.0~7.2。每管分装4~5mL，115℃灭菌30min。

（二）试剂

甲基红 0.1g，95％乙醇 300mL，蒸馏水 200mL。

（三）接种

接种试验菌于以上培养液中，每次 2 个重复，置适温培养 2d、6d（如为阴性可适当延长培养时间）。肠杆菌科的菌要求在 37℃培养 4d 检查。

（四）观察结果

在培养液中加入一滴甲基红试剂，红色为甲基红试验阳性反应；黄色为阴性反应（因甲基红变色范围 4.4 红至 6.0 黄）。

（五）注意事项

若测试的是芽孢杆菌的细胞时，则以 5g NaCl 代替 K_2HPO_4，因为它有缓冲作用。

五、V-P 测定

（一）培养基

与甲基红试验同。

（二）试剂

肌酸 0.3％或原粉，NaOH 40％。

（三）培养与接种

与甲基红试验同。

（四）操作与结果观察

取培养液和 40％氢氧化钠等量混合。加少许肌酸，10min 如培养液出现红色，即为试验阳性反应，有时需要放置更长时间才出现红色反应。

六、淀粉水解

（一）培养基

在肉汁胨中加 0.2％可溶性淀粉，分装三角瓶，121℃蒸气灭菌 20min，倒平板备用。

（二）试剂

卢哥氏碘液（与革兰氏染色中的碘液相同）。

（三）接种

取新鲜斜面培养物点种于上述平板，适温培养。

（四）观察

培养 2~5d，形成明显菌落后，在平板上滴加碘液平板呈蓝黑色，菌落周围如有不变色透明圈，表示淀粉水解阳性；仍是蓝黑色为阴性。

七、纤维素分解

（一）培养基

（1）无机盐基础培养基

NH_4NO_3 1.0g，K_2HPO_4 0.5g，KH_2PO_4 0.5g，$MgSO_4 \cdot 7H_2O$ 0.5g，NaCl 1.0g，$CaCl_2$ 0.1g，$FeCl_3$ 0.02g，酵母膏 0.05g，水 1000mL，pH＝7.0~7.2。分装试管，121℃蒸汽灭菌 20min。

（2）胨水基础培养基

蛋白胨 5g，NaCl 5g，自来水 1000mL，pH = 7.0 ~ 7.2。分装试管，121℃ 蒸汽灭菌 20min。

（二）接种

测定纤维素水解有两种做法。一种是将基础培养基分装试管，在培养基中浸泡一条优质滤纸。纸条宽度以易于放入试管为宜。纸条长度约 5~7cm。测定好氧菌时，应有部分纸条露于培养基液面外，测定厌氧菌时，纸条应全浸泡于培养基中。接种培养基，应有不接种的空白对照。

另一种做法是在基础培养基中加 0.8% 的纤维素粉和 1.5% 的琼脂。在培养皿（直径 9cm）中先加 15mL 2% 的水琼脂，凝后加 5mL 混有纤维素粉的琼脂培养基，凝后点种。应接种不含纤维素的培养基作对照。

（三）观察

适温培养 1~4 周观察。

1. 试管法：能将滤纸条分解成一团纤维或将滤纸条折断或变薄者为阳性，滤纸条无变化者为阴性。

2. 平板法：菌落四周有较澄清的晕环者为阳性，无晕环者为阴性。

八、硝酸盐还原

（一）培养基

肉汁胨培养基 1000mL，KNO_3 1g，pH = 7.0 ~ 7.6。每管分装 4 ~ 5mL，121℃ 蒸汽灭菌 15~20min。

（二）试剂

1. 格里斯氏（Griess）试剂

A 液：对氨基苯磺酸 0.5g，稀醋酸（10%左右）150mL。

B 液：α-萘胺 0.1g，蒸馏水 20mL，稀醋酸（10%左右）150mL。

2. 二苯胺试剂

二苯胺 0.5g 溶于 100mL 浓硫酸中，用 20mL 蒸馏水稀释。

（三）接种

将测定菌接种于硝酸盐液体培养基中，置适温培养 1d、3d、5d。每株菌作 2 个重复，另留两管不接种作对照。

（四）操作

取 2 支干净的空试管或在比色瓷盘小窝中倒入少许培养 1d、3d、5d 的培养液，再各加一滴 A 液及 B 液，在对照管中同样加入 A 液、B 液各一滴。

（五）结果观察

当培养液中滴 A，B 液后，溶液如变为粉红色、玫瑰红色、橙色、棕色等表示亚硝酸盐存在，为硝酸盐还原阳性。如无红色出现，则可加一二滴二苯胺试剂，此时如呈蓝色反应，则表示培养液中仍有硝酸盐，又无亚硝酸盐反应，表示无硝酸盐还原作用；如不呈蓝色反应，表示硝酸盐和形成的亚硝酸盐都已还原成其他物质，故仍应按硝酸盐还原阳性处理。

（六）注意事项

1. 还原硝酸盐反应是在较为厌氧条件下进行的，虽不必用矿油封液面，但分装试管时液层不宜太薄，对生长缓慢的细菌尤应注意。

2. 对不同种的细菌来说，亚硝酸盐可以是硝酸盐还原的最终产物，也可以是整个还原过程的中间产物。此外，有的种还原极为迅速，有的种还原缓慢，因而第一次检查这一项目时要及时（18~24h），并且对阴性反应的菌株应连续观察。并且对于未呈现亚硝酸盐反应的测定，应检查是否仍有硝酸盐（二苯胺测定），然后才能判断有无硝酸盐的还原反应。

九、亚硝酸还原

（一）培养基

牛肉膏 10g，蛋白胨 5g，$NaNO_2$ 1g，蒸馏水 1000mL，pH = 7.3~7.4。每管分装 4~5mL，121℃蒸汽灭菌 15~20min。

（二）试剂

与硝酸盐相同。

（三）接种

30℃培养 1d、3d、7d 后测定。

（四）结果观察

加试剂 A 液和 B 液各一滴，如红色消失而产氨则为阳性，加试剂为红色说明不分解亚硝酸盐为阴性。

十、产氨试验

（一）培养基

蛋白胨 5g，蒸馏水 1000mL，pH 7.2。每管分装 4~5mL，121℃蒸气灭菌 15~20min。

（二）试剂（Nessler）

将 20g 碘化钾溶于 50mL 水中，并在此溶液中加碘化汞小粒至溶液饱和为止（约 32g），此后再加 460mL 水和 134g 氢氧化钾，将上清液贮于暗色瓶中备用。

（三）接种

以幼龄种子接种，置适温培养 1d、3d、5d。

（四）结果观察

取培养液少许，加入试剂数滴，出现黄褐色沉淀为阳性。

十一、脲酶

（一）方法一

1. 培养基

蛋白胨 1g，NaCl 5g，葡萄糖 1g，KH_2PO_4 2g，酚红（0.2% 酚红水溶液）6mL，琼脂 20g，蒸馏水 1000mL。灭菌后调 pH 至 6.8~6.9，使培养基呈橘黄色或微带粉红色为宜，分装试管，分装量以适于摆斜面为度，115℃蒸汽灭菌 30min。

20% 的尿素溶液过滤灭菌后，待基础培养基冷却到 50~55℃时，将灭菌的尿素溶液加到培养基中，终浓度为 2%，然后摆成较大的斜面。

2. 结果观察

接种后适温培养，分别于 2h、4h 过夜观察。阴性结果要观察 4d，培养基呈桃红色者为阳性，培养基颜色不变者为阴性。

3. 注意事项

① 该实验应有不加尿素的空白对照（尤其是测定假单胞菌时）。

② 应该有已知的阳性菌对照。

（二）方法二

将测定菌接在营养琼脂斜面上，在第 3 天和第 7 天进行脲酶的测定。方法是：在空试管中，将斜面菌苔做成 2mL 浓菌悬液，加入一滴酚红指示剂，调 pH 到 7，即酚红刚刚转黄呈橙红色，再将此菌悬液分作 2 份，在其中的一管加入少许结晶的尿素约 0.05~0.1g，另一管不加尿素作为对照。如加尿素的试管几分钟变碱，酚红指示剂变红，则表示测定菌为脲酶阳性；不变者，则为阴性。

第六章　现代分子微生物学技术

传统的微生物研究方法主要通过分离培养纯的微生物菌种，对分离出来的纯菌种分别进行理化研究。然而，研究证实自然界中有85%～99.9%的微生物至今还不可纯培养，因而以此为前提的形态学、生理生化反应和细胞组成成分结构的观察均受到了影响。此外，传统方法过程繁杂，很难对分离物进行精确鉴定并反映系统发育关系，导致研究微生物多样性的真实概况受到限制。

近年来，随着从环境中提取微生物DNA方法的不断改进，一些分子生物学技术已用于微生物生态的研究，操作简便还可有效地避免实验数据丢失；通过从基因水平探索微生物群落的丰度、均匀度、分析菌种的变异情况等，可将微生物多样性的研究提高到遗传多样性水平上，为全面认识微生物多样性在生态系统中的原始构成、筛选出未知菌种提供了行之有效的技术手段。

目前的分子生物学方法主要基于PCR技术，利用扩增产物再进行各种分析。较为成熟的技术包括：变性梯度凝胶电泳（DGGE）、限制性片段长度多态性（RFLP）、末端限制性片段长度多态性（T-RFLP）、单链构象多态性分析（SSCP）、荧光原位杂交（FISH）、随机扩增多态性（RAPD）等。这些方法无须分离培养就可反映微生物的群落结构信息，但却无法获得有关微生物群落总体活性与代谢功能的信息，Biolog方法则弥补了这一不足。

总体来说每种方法均各有优势和局限性，因此在今后的发展中采用多种技术相结合及与传统的培养方法相结合的方式，相互补充相互完善，不断提高检测的灵敏度和准确度，人们对环境样品中微生物生态的了解也将更加真实和准确。本章节介绍了部分主要分子生物学技术的原理及其在环境微生物群落研究中的应用。

实验二十　细菌染色体DNA的提取和检测

一、实验目的

1. 学习和掌握提取细菌核酸的方法。
2. 理解DNA电泳的基本原理和各种影响因素。
3. 学习制胶、水平式琼脂糖凝胶电泳检测DNA的方法和技术。

二、实验原理

核酸存在于多种细胞，如病毒、细菌、寄生虫、动植物细胞、血液、组织、唾液、尿液等多种标本中，其分离方法是多样的。总的来说核酸的分离与纯化是在溶解细胞的基础上，利用苯酚等有机溶剂抽提、分离、纯化，乙醇、丙酮等有机溶剂沉淀、收集。本实验细菌染色体DNA的提取，主要是用溶菌酶、SDS和蛋白酶K处理细菌，将蛋白质变性使其与DNA分离。

电泳是指混悬于溶液中的电荷颗粒，在电场影响下向着与自身带相反电荷的电极移动的现象。DNA 电泳是基因工程中最基本的技术，DNA 制备及浓度测定、目的 DNA 片断的分离，重组了的酶切鉴定等均需要电泳完成。根据分离的 DNA 大小及类型的不同，DNA 电泳主要分两类：一是聚丙烯酰胺凝胶电泳：适合分离 1kb 以下的片断，最高分辨率可达 1bp，也用于分离寡核苷酸，在引物的纯化中也常用此凝胶进行纯化，也称 PAGE 纯化。二是琼脂糖凝胶电泳：可分离的 DNA 片断大小因胶浓度的不同而异。电泳结果用溴化乙锭（EB）染色后可直接在紫外下观察，并且可观察的 DNA 条带浓度为纳克级，而且整个过程一般 1h 即可完成。由于该方法操作的简便和快速，在基因工程中经常使用。

三、实验材料和仪器

（一）实验材料
某细菌。

（二）实验仪器
1.5mL 离心管；枪头；移液器；摇床；台式高速离心机；电泳槽；电泳仪；微波炉；电泳板和梳子；紫外分析仪；数码相机等。

四、实验试剂

1. TE 缓冲液（10∶1）：10mmol/L Tris-HCl，1mmol/L EDTA，pH = 8.0。本次试验略去。

2. 裂解缓冲液（1mL 体系：40mmol/L Tris-HCl，pH = 8.0，40μL；2mmol/L CH$_3$COONa，16.6μL；1mmol/L EDTA，2μL；10% SDS，1μL；其余用水补齐）。（现用现配）

3. 溶菌酶：100μg/mL。

4. Proteinase K：10mg/mL。

5. 10% SDS。

6. NaCl：5mol/L。

7. Tris 饱和苯酚。

8. 三氯甲烷。

9. 无水乙醇、70%乙醇。

10. 50×TAE 电泳缓冲液：242.0gTris 碱；100mL 0.5mol/L EDTA（pH = 8.0）；57.1mL 冰醋酸。定容 1L。

11. EB 母液（溴化乙锭，储存液用水配制为 1mg/mL）：称取一定量的 EB 溶于无菌水中，室温避光保存；EB 为强诱变剂，实验中要防止污染。

12. DNA 标准分子质量：购买商品。

13. 10×Loading buffer（pH = 7.0）：购买商品。

（包含：EDTA 50mmol/L；甘油 60%；Xylene Cyanol FF（W/V）0.25%；Bromophenol Blue（W/V）0.25%）。

14. 琼脂糖。

五、实验步骤

（一）DNA 的提取

（1）菌体培养：将此菌接种于普通液体培养基中，37℃振荡培养 18h，获得足够菌体。（由老师完成）

（2）菌体收集：取 1mL 培养液于 1.5mL 离心管中，12000r/min 离心 5min，弃上清，收集菌体（注意吸干多余水分）。重复一次。

（3）向每管加入 200μL 裂解缓冲液，用吸管头缓慢抽吸，悬浮和裂解细胞，再加入 50μL，100μg/mL 溶菌酶（-20℃保存），缓慢抽吸，37℃处理 30min。

（4）加入 10μL，10mg/mL 蛋白酶 K，缓慢抽吸，37℃处理 30min。

（5）加入 66μL，5mol/L NaCl 溶液，充分混匀后，12000r/min，10min。除去蛋白质复合物及细胞壁等残渣。

（6）将上清转移到新管中，加入等体积 Tris 饱和苯酚，充分混匀后，12000r/min，5min，进一步沉淀蛋白。

（7）取离心后水层，加等体积氯仿，充分混匀，12000r/min，5min（除苯酚）。

（8）取上清，加 2 倍体积预冷的无水乙醇沉淀，30min 以上（时间越长越好）。之后 15000r/min 高速离心 15min，弃上清。

（9）用 200μL 70%乙醇洗涤 2 次，12000r/min，2min，弃上清。

（10）干燥后，20~50μL 超纯水溶解 DNA，-20℃放置备用。

（二）电泳检测

1. 用 1×TAE 电泳缓冲液按照被分离 DNA 分子的大小配制一定浓度（1.0%）的琼脂糖凝胶 30-50mL，在微波炉中加热至琼脂糖溶解。（电炉，小胶是 25mL）

2. 用透明胶封固玻璃板两头，在距底板 0.5~1.0mm 的位置上放置梳子，将温热（冷却至 50℃左右）的琼脂糖凝胶倒入胶模中，凝胶厚度在 3~5mm 之间。

3. 在凝胶完全凝固后，撕去透明胶，小心将玻璃板移至装有 1×TAE 缓冲液的电泳槽中，轻轻地拔去梳子，且使缓冲液没过胶面约 1mm。

4. DNA 样品与 10×Loading buffer（含有溴酚蓝和甘油等物质）混合后，用微量取样器慢慢将混合物加到样品槽中。

5. 盖上电泳槽并通电，使 DNA 向阳极（红线）移动，电压为 80~100V。

6. 溴酚蓝在凝胶中移出适当距离后切断电流，取出玻璃板。

7. 溴化乙锭染色，30min 以上。

8. 保鲜膜垫好，在紫外灯下观察凝胶。照相。

六、实验报告

（一）实验结果

记录细菌染色体 DNA 电泳检测结果。

（二）思考题

1. 电泳时为什么要用电泳缓冲液？

2. 溶菌酶为什么需要在-20℃条件下保存？

实验二十一　聚合酶链式反应技术（PCR）

一、实验目的

了解聚合酶链反应（PCR）的基本原理及其影响因素，掌握 PCR 的基本操作过程。

二、实验原理

聚合酶链式反应（polymerase chain reaction）即 PCR 技术是美国 Cetus 公司人类遗传研究所的科学家 K. B. Mullis 于 1983 年发明的一种体外扩增特定基因或 DNA 序列的方法。PCR 具有很高的特异性、灵敏度，在分子生物学、基因工程研究、某些疾病的诊断以及临床标本中病原体检测等方面具有极为重要的应用价值。

双链 DNA 分子在接近沸点的温度下解链，形成两条单链 DNA 分子（变性），与待扩增片段两端互补的寡核苷酸（引物）分别与两条单链 DNA 分子两侧的序列特异性结合（退火、复性），在适宜的条件下，DNA 聚合聚利用反应混合物中的 4 种脱氧核苷酸（dNTP），在引物的引导下，按 5'→3' 的方向合成互补链，即引物的延伸。这种热变性、复性、延伸的过程就是一个 PCR 循环。随着循环的进行，前一个循环的产物又可以作为下一个循环的模板，使产物的数量按 2n 方式增长。从理论上讲，经过 25~30 个循环后 DNA 可扩增 10^6~10^9 倍。

三、实验仪器试剂

（一）仪器

PCR 仪、台式离心机、电泳仪、电泳槽、紫外检测仪。

（二）试剂

1. 引物：用去离子水配成 10μmol/μL；

2. Taq 聚合酶；

3. 10×PCR 反应缓冲液（加镁离子）：500mmol/L KCl，15mmol/L $MgCl_2$，100mmol/L Tris·HCl，pH 8.3）；

4. dNTPs：四种核苷酸混合物，浓度为 10mM；

5. 模板 DNA：含有 R 基因片段的重组 cDNA 的质粒；

6. 1%琼脂糖凝胶；

7. 50×TAE 电泳缓冲液（1000mL）：Tris 242g，$Na_2EDTA·2H_2O$ 37.2g，溶于 600mL 去离子水中，加冰乙酸 57.1mL，最后用去离子水定容至 1000mL；

8. 6×上样缓冲液：0.25%溴酚蓝，0.25%二甲苯腈蓝，30%甘油，溶于水中，4℃保存。

四、实验步骤

（一）PCR 扩增

1. 反应混合液的配制

在一个 0.5mL PCR 管中加入下列成分：

10×PCR 缓冲液	10μL
dNTPs	2μL
上、下游引物	2μL
模板	1μL
Taq 酶	0.5μL
ddH$_2$O 水，补至	100μL

充分混匀，离心片刻，使液体沉至管底。

实际操作时，先根据所需进行的反应数，配制反应混合物（按上述配方，不含模板）。每组进行 3 个反应，需配制 76μL 反应混合物，则按上述配方的 4 倍进行配制。然后分装于 4 个 PCR 管中，每管 19μL。其中 3 管每管加入 1μL 模板，另一管加入 1μL 水，作为对照。

2. PCR 反应条件

循环 1：94℃，3min；循环 2~31：94℃ 变性 45s、52℃ 退火 45s、72℃ 延伸 1min；共30 个循环；最后 72℃ 延伸 10min。

3. 电泳

反应结束后，取 5μL 反应产物在 1% 琼脂糖凝胶上进行电泳分析，其余置 4℃ 保存备用。

1. 用 1×TAE 缓冲液配制琼脂糖凝胶：在电子天平上准确称取琼脂糖 0.2g，倒入100mL 三角瓶，加入 20mL 缓冲液。

2. 微波炉上加热 40s。

3. 待冷却至 60℃ 左右时，加入 1μL 溴化乙啶，摇匀。

4. 将凝胶倒入预先准备好的制胶板上，插入梳子，待冷却。

5. 取 5μL PCR 产物在 1% 琼脂糖胶上电泳：80V，20min。

6. 取出凝胶，在紫外灯下观察，记录观察结果。

（二）PCR 产物的纯化

1. 向 PCR 产物中加入等体积的酚/氯仿/异戊醇（25：24：1，V/V），混匀；

2. 14000r/min 离心 5min；

3. 取上清液，再加等体积的酚/氯仿/异戊醇（25：24：1，V/V），混匀；

4. 14000r/min 离心 15min；

5. 取上清液，加入 1/10 体积的 3M NaAc（pH5.2）和 2.5 倍体积的无水乙醇，混匀，−20℃ 放置 2h 或过夜；

6. 4℃，14000r/min 离心 15min，弃上清液；

7. 沉淀用 70% 乙醇洗涤 1 次；

8. 14000r/min 离心 10min，弃上清，风干。获得纯化的 PCR 产物。

（三）影响 PCR 反应结果的因素

1. 模板的质量

在制备模板 DNA 时通常需要使用蛋白变性剂及乙醇等有机溶剂，这些物质可直接影响 PCR 反应；另外当模板 DNA 分子量很高时，解链不易，可用限制酶消化以改善扩增效果；从理论上说，一个模板 DNA 分子即可获得扩增产物，模板浓度过高，PCR 反应的特异性下降，实际操作中可按 1ng、0.1ng、0.01ng 递减的方式设置模板浓度对照。

2. 引物

引物是决定 PCR 结果的关键，引物设计在 PCR 反应中极为重要。要保证 PCR 反应能准确、特异、有效地对模板 DNA 进行扩增，通常引物设计要遵循以下几条原则：

（1）引物的长度以 15~30bp 为宜，一般（G+C）的含量在 45%~55%，T_m 值高于 55℃。应尽量避免数个嘌呤或嘧啶的连续排列，碱基的分布应表现出是随机的。

（2）引物的 3' 端不应与引物内部有互补，避免引物内部形成二级结构，两个引物在 3' 端不应出现同源性，以免形成引物二聚体。3' 端末位碱基在很大程度上影响着 Taq 酶的延伸效率。两条引物间配对碱基数少于 5 个，引物自身配对若形成茎环结构，茎的碱基对数不能超过 3 个由于影响引物设计的因素比较多，现常常利用计算机辅助设计。

（3）人工合成的寡聚核苷酸引物需经 PAGE 或离子交换 HPLC 进行纯化。

（4）引物浓度不宜偏高，浓度过高有两个弊端：一是容易形成引物二聚体（primer-dimer），二是当扩增微量靶序列并且起始材料又比较粗时，容易产生非特异性产物。一般说来，用低浓度引物不仅经济，而且反应特异性也较好。一般用 0.25~0.5pmol/μL 较好。

3. Mg^{2+} 浓度

PCR 反应体系中 Mg^{2+} 浓度对扩增结果影响较大，通常是 1.5~4mmol/L，必要时可调整 Mg^{2+} 浓度。

4. dNTP 浓度

1.25mmol/L，dNTP 浓度过高，反应的特异性下降。

5. 反应条件

PCR 反应条件中最重要的是退火温度，退火温度低，引物容易结合到模板的靶 DNA 序列，但反应的特异性下降；反之，特异性增加，但扩增效果不佳。一些生物技术公司在合成引物时注明了 T_m 值，以此为依据，退火温度比 T_m 值低 3~5℃ 比较适宜。当然，在实际操作时可设置梯度以确定最佳退火温度。

（四）注意事项

由于 PCR 灵敏度非常高，所以特别需要防止反应混合物受到 DNA 的污染，因此在实验中应注意下列事项：

1. 所有与 PCR 有关的试剂，只作 PCR 实验专用，不得挪作他用。

2. 操作中使用的 PCR 管、离心管、吸头等，只能一次性使用。

3. 特别注意防止引物受到用同一引物扩增的 DNA 的污染。所有试剂，包括引物，应从母液中取一部分稀释成工作液以供平常使用，避免污染母液。

五、实验报告

（一）实验结果

记录 PCR 产物电泳检测结果。

（二）思考题

1. 电泳时为什么要设置阴性和阳性对照？

2. 什么是引物二聚体？

实验二十二　RT-PCR 实验技术

一、实验目的

了解并掌握反转录 PCR 的原理及实验技术。

二、技术原理

PCR 技术是在模板、引物和四种脱氧核苷酸存在的条件下，依赖于 DNA 聚合酶的酶促反应，其特异性由两个人工合成的引物序列决定。反应分三步：

（1）变性：通过加热使 DNA 双螺旋的氢键断裂，形成单链 DNA；

（2）退火：将反应混合液冷却至某一温度，使引物与模板结合；

（3）延伸：在 DNA 聚合酶和 dNTPs 及 Mg^{2+} 存在下，退火引物沿 5'→3' 方向延伸。

以上三步为一个循环，如此反复。

RT-PCR（RT-PCR），是 mRNA 在逆转录酶催化下进行反转录后合成第一链 cDNA，以此为模板经 PCR 合成特定目的基因。逆转录酶（reverse transcriptase）是存在于 RNA 病毒体内的依赖 RNA 的 DNA 聚合酶，至少具有以下三种活性：

（1）依赖 RNA 的 DNA 聚合酶活性：以 RNA 为模板合成 cDNA 第一条链；

（2）RNase 水解活性：水解 RNA-DNA 杂合体中的 RNA；

（3）依赖 DNA 的 DNA 聚合酶活性：以第一条 DNA 链为模板合成互补的双链 cDNA。

三、仪器材料

（一）仪器设备

PCR 仪、台式离心机、电泳仪、电泳槽、紫外检测仪、水浴锅等。

（二）试剂

1. 引物（包括随机引物和特异性引物）：用去离子水配成 $10\mu mol/\mu L$；

2. 逆转录酶和 Taq 聚合酶；

3. 5×逆转录酶缓冲液和 10×PCR 反应缓冲液（加镁离子）；

4. dNTPs：四种核苷酸混合物，浓度为 10mM；

5. RNA；

6. 1%琼脂糖凝胶；

7. RNA 酶抑制剂；

8. 50×TAE 电泳缓冲液（1000mL）：Tris 242g，$Na_2EDTA \cdot 2H_2O$ 37.2g，溶于 600mL 去离子水中，加冰乙酸 57.1mL，最后用去离子水定容至 1000mL；

9. 6×上样缓冲液：0.25%溴酚蓝，0.25%二甲苯腈蓝，30%甘油，溶于水中，4℃ 保存。

四、实验步骤

（一）RT-PCR 的准备

1. 引物的设计及其原则

引物的特异性决定 PCR 反应特异性。因此引物设计是否合理对于整个实验有着至关重要的影响。在引物设计时要充分考虑到可能存在的同源序列，同种蛋白的不同亚型，不同的 mRNA 剪切方式以及可能存在的 hnRNA 对引物的特异性的影响。尽量选择覆盖相连两个内含子的引物，或者在目的蛋白表达过程中特异存在而在其他亚型中不存在的内含子。

引物设计原则包括：

（1）引物长度：一般为 15～30bp，引物太短会影响 PCR 的特异性，引物太长 PCR 的最适延伸温度会超过 Taq 酶的最适温度，也影响反应的特异性。

（2）碱基分布：四种碱基最好应随机分布，避免嘌呤或嘧啶的聚集存在，特别是连续出现 3 个以上的单一碱基。GC 含量（T_m 值）：40%～60%，PCR 扩增的复性温度一般是较低 T_m 值减去 5～10℃。

（3）3'端要求：3'端必须与模板严格互补，不能进行任何修饰，也不能有形成任何二级结构的可能。末位碱基是 A 时错配的引发效率最低，G、C 居中间，因此引物的 3'端最好选用 A、G、C 而尽可能避免连续出现两个以上的 T。

（4）引物自身二级结构：引物自身不应存在互补序列，否则会自身折叠成发夹状结构或引物自身复性。

（5）引物之间的二级结构：两引物之间不应有多于 4 个连续碱基互补，3'端不应超过 2 个。

（6）同源序列：引物与非特异扩增序列的同源性应小于连续 8 个的互补碱基存在。

（7）5'端无严格限制：5'末端碱基可以游离，但最好是 G 或 C，使 PCR 产物的末端结合稳定。还可以进行特异修饰（标记、酶切位点等）等等。

根据实验目的选择适当的引物。常用引物设计软件如 Primer 5.0，Oligo 6.0 等对于这些条件都可以自行设置。

2. 耗材

实验所用的接触样品的耗材如冻存管、枪头、EP 管之类事先都需经过 0.1% DEPC 水浸泡处理，除去 RNA 酶，防止操作过程中 RNA 降解。然后经高压灭活（灭菌和灭活 DEPC）。

3. 试剂准备

变性液、水饱和酚、乙酸钠、氯仿、异丙醇、75% 酒精、经 DEPC 处理并高压的水。

4. RNA 的提取

RT-PCR 中从细胞分离的 RNA 的质量至关重要，包括 RNA 的纯度和完整性。RNA 分离的最关键因素是尽量减少 RNA 酶的污染。但 RNA 酶活性非常稳定，分布广泛，除细胞内源性 RNA 酶外，环境中也存在大量 RNA 酶。因此在提取 RNA 时，应尽量创造一个无 RNA 酶的环境，包括去除外源性 RNA 酶污染和抑制内源性 RNA 酶活性，主要是采用焦碳酸二乙酯（DEPC）去除外源性 RNA 酶，通过 RNA 酶的阻抑蛋白 Rnasin 和强力的蛋白质变性剂如异硫氰酸胍抑制内源性 RNA 酶。

（二）RT-PCR 步骤

1. cDNA 的合成

逆转录体系的组成：

DEPC 处理水	8μL
10mM dNTPs	2.5μL
随机引物	0.4μL
RNA 酶抑制剂	0.5μL
总 RNA	2.5~3μg

70℃ 5min，速置冰水中冷却。再加：5×逆转录缓冲液 5μL，逆转录酶（M-MLV）1μL（200U），加水至 25μL。37℃、60min 后，90℃、5min。

2. PCR 扩增

50μL PCR 体系的组成：

10×PCR buffer	5μL
$MgCl_2$	3μL（2.0mmol/L）
10mmol/L dNTPs	1μL
上游引物	1μL（1μmol/L）
下游引物	1μL（1μmol/L）
cDNA	1.5μL
DEPC 处理水	36.7μL
Taq 酶	0.8μL（2.4U）
总体积	50μL

3. PCR 反应条件

94℃	5min	
94℃	1min	
50℃	40s	
72℃	50s	30 个循环
72℃	7min	

（三）PCR 条件的优化

PCR 条件的优化主要是：

（1）引物退火温度的调节，一般在引物设计软件推荐温度的上下 2℃ 变化寻找最佳退火温度。

（2）此外，Mg^{2+} 浓度的调节也非常重要，通常最佳浓度为 2mM 左右。

（3）引物和模板的量等。

（四）产物的电泳和结果的测定

根据产物长度制作适宜浓度的琼脂糖凝胶（不同长度产物所需凝胶浓度），取适量 PCR 产物，加上样缓冲液充分混合，点样于事先做好的琼脂糖凝胶点样孔中，10V/cm 电泳 45~60min。成像系统成像分析。

分离不同大小 DNA 片段的合适琼脂糖浓度：

琼脂糖浓度（%）	线性 DNA 片段的有效分离范围（kb）
0.5	1~30
0.7	0.8~12
1.0	0.5~10

1.2	0.4~7
1.5	0.2~3

（五）需要注意的问题

1. 注意避免有毒、有害试剂伤害自己和他人：氯仿、溴化乙锭（EB）、酚、异硫氰酸胍、紫外线等。

2. 注意避免试剂污染。

3. 始终注意避免 RNA 酶的污染。

4. 保管好自己专用的试剂，公用试剂保管好，相互协调，注意实验室卫生。

五、实验报告

（一）实验结果

记录 RT-PCR 产物电泳检测结果。

（二）思考题

1. 在实验过程中为什么要防止 RNA 酶的污染？

2. 逆转录所用引物的选择应注意哪些事项？

实验二十三　实时定量 PCR（Real-time QPCR）实验技术

一、实验目的

了解实时定量 PCR 技术原理和方法，对环境样品中的微生物进行定量检测与分析。

二、技术原理

PCR 技术自问世以来得到了不断发展，20 世纪 90 年代发展起来的由美国 Applied Biosysems 公司推出的实时定量 PCR（Real-time Quantitative Polymerase chain Reaction，RQ-PCR）技术。RQ-PCR 技术是指在 PC 反应体系中加入荧光基团，利用荧光信号积累实时监测整个 PCR 进程，最后通过标准曲线对未知模板进行定量分析的方法。它在常规 PCR 基础上添加了荧光染料或荧光探针。荧光染料能特异性掺入 DNA 双链，发出荧光信号，而不掺入双链中的染料分子不发出荧光信号，从而保证荧光信号的增加与 PCR 产物增加完全同步。它除了具有 PCR 的高灵敏性外，还具有可直接监测扩增中的荧光信号变化获得定量结果，精确性高；定量和扩增同步进行，克服了 PCR 的平台效应；特异性和可靠性更强；能实现多重反应；无污染性；具实时性和可靠性等特点，目前已广泛应用于分子生物学研究领域和医学研究等领域。

实时定量 PCR 常用的检测模式有 TaqMan 探针和 SYRB Green 1 检测模式。

1. TaqMan 探针方法的作用原理

这种方法的原理主要是利用 DNA 的 5'→3' 核酸外切酶（常用 Tap 酶）活性，并在 PCR 过程中反应体系加入一个荧光标记探针。TapMan 探针根据其 3' 端标记的荧光淬灭基团的不同分为两种：常规 TapMan 探针和 TapMan MGB 探针。

常规 TapMan 探针利用合适的 DNA 的 5'→3' 核酸外切酶（常用 Tap 酶）活性，特异性的切割探针 5' 端的荧光基团。该探针的 5' 端和 3' 端分别标记一个报告荧光基团

FAM（6-羧基荧光素）和一个淬灭荧光基团 TAMRA（6-羧基四甲基若丹明）。当溶液中有 PCR 产物时，该探针与模板退火，即产生了适合于核酸外切酶活性的底物，从而将探针 5'端连接的荧光分子从探针上切割下来，破坏两荧光分子间的 PRET，发出荧光。

2000 年，美国 Applied Biosystems 公司开发了一种新的 TapMan 探针——MGB 探针。这种荧光探针与常规 TapMan 探针相比，有两个主要的不同：一是探针 3'端标记了自身不发光的淬灭荧光分子，以取代常规可发光的 TAMRA 荧光标记。这使荧光本底降低，荧光光谱分辨率得以大大改善。二是探针 3'端另结合了 MGB（minor groove binder）结合物，使得探针的 Tm 值提高，大大增加了探针的杂交稳定性，使结果更精确，分辨率更高。实验证明，TapMan MGB 探针对等位基因的区分更为理想，甚至能检测仅有单核苷酸差异的等位基因的表达水平。

2. SYBR Green 荧光染料方法的作用原理

SYBR Green 是一种只与双链 DNA 小沟结合的染料，当它游离在溶液中时，不发出荧光；一旦掺入 DNA 双链，便发出强烈的荧光。但是当它从 DNA 双链上释放出来时，荧光信号急剧减弱。因此，在一个体系中，其信号强度代表了双链 DNA 分子的数量。它的最大优点是能用于任何模板的任何一对引物。它的缺点也在于能与非特异性双链 DNA 结合，但是它产生的干扰可通过熔解曲线分析得以解决。

三、仪器材料

（一）仪器设备

定量 PCR 仪、台式离心机、电泳仪、电泳槽、凝胶成像仪、水浴锅等。

（二）试剂

1. 特异性引物：用去离子水配成 10μmol/μL；

2. Taq 聚合酶；

3. 10×PCR 反应缓冲液（加镁离子）；

4. dNTPs：四种核苷酸混合物，浓度为 10mmol/L；

5. 模板 DNA；

6. 1%琼脂糖凝胶；

7. Syber Green Ⅰ；

8. 50×TAE 电泳缓冲液（1000mL）：Tris 242g，$Na_2EDTA \cdot 2H_2O$ 37.2g，溶于 600mL 去离子水中，加冰乙酸 57.1mL，最后用去离子水定容至 1000mL；

9. 6×上样缓冲液：0.25%溴酚蓝，0.25%二甲苯睛蓝，30%甘油，溶于水中，4℃ 保存。

四、实验内容

（一）两个重要概念的说明

1. 荧光阈值（threshold）

以 PCR 反应的前 15 个循环的荧光信号，一般荧光阈值定义为 3~15 个循环的荧光信号的标准偏差的 10 倍。

2. *Ct* 值

也称循环阈值，C 代表 Cycle，t 代表 threshold。Ct 值的含义是：每个反应管内的荧光信号到达设定的阈值是所经历的循环数。经数学证明，Ct 值与模板 DNA 的起始拷贝数成反比。利用已知起始拷贝数的标准品可作出标准曲线，其中横坐标代表起始拷贝数的对数，纵坐标代表 Ct 值。这样，只要获得未知样品的 Ct 值，即可从标准曲线上计算出该样品的起始拷贝数。

（二）标准曲线的制定（以大肠杆菌为例）：

用 LB 固体培养基（1L 水中：10g 蛋白胨，5g NaCl，5g 酵母浸膏，1.5g 琼脂粉）经平板计数，测得埃希氏大肠杆菌（*E. coli*）培养液中细菌的浓度。将培养液用灭菌蒸馏水 10 倍梯度稀释，稀释后的菌液离心后（7000r/min，10min），回收菌体，并用灭菌蒸馏水洗涤 3 次，用苯酚-氯仿法提取细菌总 DNA，以此为 QPCR 标准曲线制作的 DNA 摸板进行 QPCR 反应，以已知细胞浓度的埃希氏大肠杆菌（*E. coli*）梯度稀释 DNA 提取物 QPCR 检测的 Ct 值为纵坐标，相应的埃希氏大肠杆菌（*E. coli*）细胞密度为横坐标制作 QPCR 标准曲线。大肠杆菌每个稀释浓度，平行操作 3 组，以 3 组细菌细胞数的平均来确定悬浮液中的细胞浓度。

（三）样品细菌基因组 DNA 提取

将所取地表水水样离心（7000r/min，10min）后，弃去上清液；沉淀物加入 567μL 的裂解缓冲液（40mmoL/L Tris-HCl，pH = 8.0，20mmol/L 乙酸钠，1mmol/L EDTA，1% SDS），反复吹打使之重新悬浮，接着加入 66μL 5mol/L NaCl，充分混匀后，7000r/min 离心 10min 后将上清转入一只新管中，加入等体积的酚/氯仿/异戊醇（25∶24∶1 体积比），振荡混匀，离心（7000r/min，4~5min）；取上清后，加入 0.6 倍体积的异丙醇，轻轻混合直到 DNA 沉淀下来；离心后沉淀用 1mL 的 70% 乙醇洗涤 2 次，DNA 样品用 20μL 灭菌双蒸水溶解。

（四）QPCR 反应体系

QPCR 扩增反应体系总体积 25μL，内含 1 × realMastrMix/1 × SYBR 溶液，dNTP 0.2mmol/L，Taq DNA 聚合酶 1.0U，1×PCR 缓冲液，2.0mmol/L $MgCl_2$，上下游引物分别为 0.1mmol/L，DNA 模板 2μL。

（五）定量 PCR 扩增条件

94℃ 预变性 5min，94℃ 变性 30s，55℃ 退火 30s，72℃ 延伸 30s，共 35 个循环，最后 72℃ 链延伸 5min。阴性对照中，用灭菌双蒸水代替 DNA 模板，每隔 0.2s 自动读数一次，阈值设定为最初的 3~7 个循环荧光值标准偏差的 10 倍。

（六）结果计算

利用埃希氏大肠杆菌（*E. coli*）梯度稀释 DNA 提取物 QPCR 检测的 CT 值与相应的埃希氏大肠杆菌（*E. coli*）细胞密度对数值的离散与回归分析，建立 QPCR 检测的标准曲线。环境水样中目标细胞数量的确定是通过已知细胞数量的埃希氏大肠杆菌（*E. coli*）QPCR 标准曲线推断出的相对数量。

五、实验报告

（一）实验结果

1. 绘制定量 PCR 标准曲线。

2. 计算细菌定量 PCR 检测结果。

（二）思考题

1. QPCR 体系和普通 PCR 体系有什么区别？

2. 什么是荧光标记探针？

实验二十四　DNA 测序与序列同源性分析

一、实验目的

1. 了解 DNA 测序的基本原理与方法。

2. 学习并掌握序列同源性分析的方法。

二、实验原理

DNA 测序即核酸分子一级结构的测定，是现代分子生物学一项重要的技术。常见的测序方法有双脱氧链终止法、化学裂解法、DNA 测序自动化等。目前普遍使用自动测序仪（应用双脱氧终止法原理）进行自动化测序。

通过序列同源性比较分析，即把获得的 DNA 测定序列与核酸数据库中的相关 DNA 或蛋白质序列进行比较，找出与此序列相似的已知序列是什么，用于确定该序列的生物属性，也就是可以初步判断 DNA 条带所代表的微生物种类。完成这一工作常用的方法有 BLAST、FASTA 等。提供 BLAST 服务的常用网站有国内的 CBI、美国的 NCBI、欧洲的 EBI 和日本的 DDBJ，这些网站提供的 BLAST 服务在界面上差不多，但所用的程序有所差异。本文主要介绍 NCBI（National Center for Biotechnology Information，美国国立生物技术信息中心）的 BLAST（Basic Local Alignment Search Tool）的网络应用方法，即在 NCBI 的在线网站上进行 blast 比对（http://blast.ncbi.nlm.nih.gov/Blast.cgi）。

BLAST 是一套在蛋白质数据库或 DNA 数据库中进行相似性比较的分析工具。BLAST 程序能迅速与公开数据库进行相似性序列比较。BLAST 采用一种局部的算法，BLAST 结果会列出跟查询序列相似性比较高、符合限定要求的序列结果，根据这些结果可以获得以下信息：（1）查询序列可能具有某种功能；（2）查询序列可能来源于某个物种；（3）查询序列可能是某种功能基因的同源基因。BLAST 结果中的得分是对一种相似性的统计说明。

三、实验材料

（一）样品

细菌 B83 的 16S rRNA 基因的 PCR 扩增产物。

（二）仪器

水平电泳仪、凝胶成像仪、全自动 DNA 测序仪。

（三）试剂

1. 琼脂糖凝胶

0.6g 琼脂糖粉，溶于 50mL 1×TAE 缓冲液，微波炉中火加热 2min 至完全溶解，待冷却至 60℃后加入 5μL 核酸染料，摇匀，置于制胶器中凝固成形。

2. 50×TAE 缓冲液

Tris 242g，EDTA 18.62g，冰乙酸 57.1mL，溶解后定容至 1000mL。

四、实验步骤

（一）DNA 测序

1. 将样品（PCR 扩增产物）用 1.2% 的琼脂糖凝胶电泳进行检测，电泳设置程序为：电压 100V，电流 400mA，功率 120W，时间 45min。

2. 电泳结束后利用成像仪对电泳结果进行观察。选取 PCR 条带较清晰的的样品送于有资质的生物工程公司进行基因测序。

3. 测序返回的数据有 *.abl 格式、*.Chromatogram file 格式等，可通过 Chromas 软件将序列以 FASTA 格式导出。然后寻找 16S rRNA 的 PCR 扩增的引物序列，将载体的序列删除，即可得到所需序列。一般生物测序公司会主动完成上述步骤，将双向测序结果（27F 和 1492R）进行拼接处理，直接将处理好的序列以 *.doc 格式或文本文档等格式返回给送检者，送检者可以直接将该序列进行序列同源性分析。

（二）序列同源性分析——NCBI BLAST 方法

1. 进入 BLAST 主界面

首先打开 NCBI 数据库主页 https：//www.ncbi.nlm.nih.gov，然后点击 BLAST，进入 BLAST 主界面（图 6-1）https：//blast.ncbi.nlm.nih.gov/Blast.cgi。BLAST 是一个序列相似性搜索的程序包，其中包含了很多独立的程序，这些程序是根据查询的对象和数据库的不同来定义的。在 BLAST 主界面上有【Nucleotide BLAST（nucleotide ≫ nucleotide）】、【protein BLAST（protein ≫ protein）】、【blastx（translated nucleotide ≫ protein）】、【tblastn（protein ≫ translated nucleotide）】几个 BLAST 程序按钮。【Nucleotide BLAST（nucleotide ≫ nucleotide）】查询序列为核酸序列、搜索的数据库为核酸数据库；【protein BLAST（protein ≫ protein）】查询序列为蛋白质序列、搜索的数据库为蛋白质数据库；【blastx（translated nucleotide ≫ protein）】核酸序列 6 框翻译成蛋白质序列后和蛋白质数据库中的序列注意搜索；【tblastn（protein ≫ translated nucleotide）】蛋白质序列和核酸数据库中的核酸序列 6 框翻译后的蛋白质序列逐一比对。

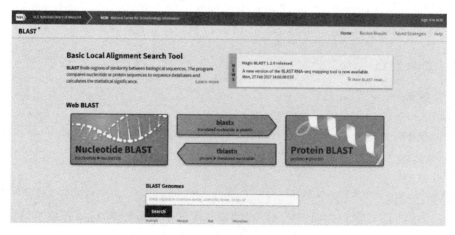

图 6-1 BLAST 界面

2.点击【Nucleotide BLAST（nucleotide》nucleotide）】，进入【blastn suit】界面（图6-2）。
【Enter Query Sequence】下面的空白框中，可粘贴要查询的 FASTA 格式的序列、序列号或
gi 号。若是还没有序列号的未知菌，则可直接将测序拼接好的 * . doc 文档中的碱基序列复
制粘贴到空白框中（图6-3）。【Database】有三个选项：【Human genomic+transcript】、
【Mouse genomic+transcript】、【others（nr etc）】，下拉菜单根据需要比对的序列的具体情
况选择相应选项。本次实验选择 others（nr etc）—Nucleotide collection（nr/nt）。选择完
毕，点击左下角的【BLAST】按钮，进入 BLAST 比对结果界面。

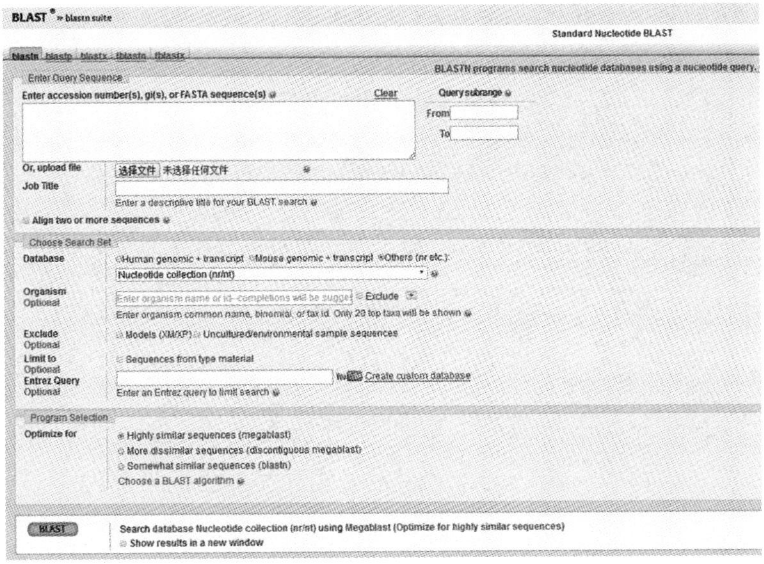

图6-2 【blastn suit】界面

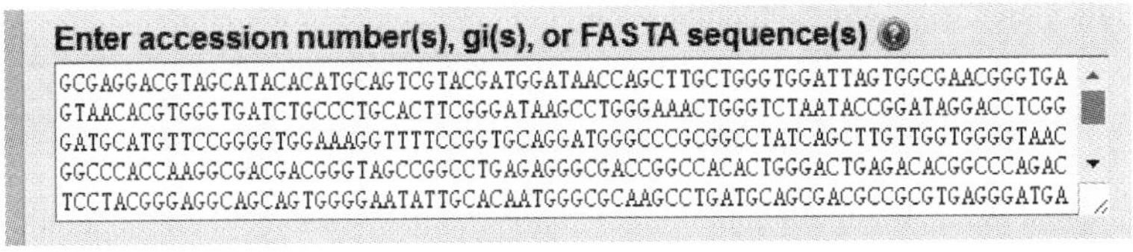

图6-3 已输入碱基序列的空白框

3. Blast 比对结果

在 BLAST 比对结果界面上，会显示：输入序列的信息，包括标识号、描述信息、类
型、长度；数据库的信息以及你选择的 Blast 程序；查看其他报告，比如摘要、分类、距
离树、结构、多重比对等；【Graphic Summary】和【Descriptions】（图6-4）。

【Graphic Summary】（图6-5）中的：（1）Distribution of 100 Blast Hits on the Query Se-
quence 是 hits 在输入序列上的分布；（2）Color key for alignment scores 是颜色比例尺，代
表 hit 的得分（score）区间；（3）指的是输入序列的坐标；（4）所指的每一条线段代表一
个 hit，在线段上点击，会链接到该 hit 详细的比对信息部分。

【Descriptions】（图6-6）中的 Description 部分包含了比对上序列的表述信息，可以知
道这个序列功能、基因、物种等信息；Accession 是指比对上序列的序列号或标识符，上面

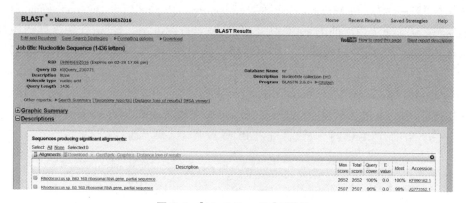

图 6-4 【blast Results】界面

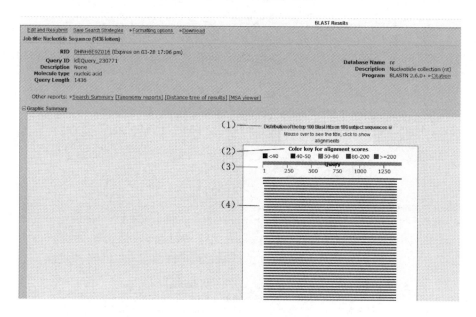

图 6-5 Descriptions 对话框

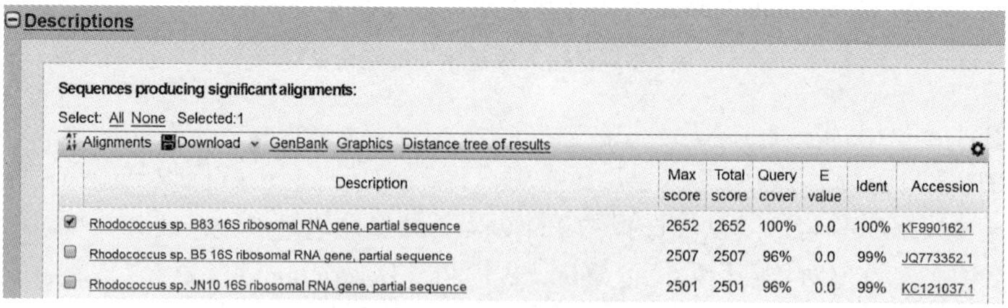

图 6-6 Descriptions 对话框

有到该序列详细信息的链接；E 值（Expect）表示随机匹配的可能性，E 值越大，随机匹配的可能性也越大，E 值接近或为零时，基本上就是完全匹配了，E value 一般由低向高排列；Identities（一致性或相似性）是指匹配上的碱基数占总序列长的百分数，一般来说百分数越大相似性越高；Score 比对得分，如果序列匹配上得分不一样，减分，分值越高，一般两个序列匹配片段越长、相似性越高则 Score 值越大。评价一个 blast 结果的标准主要有三项，E 值（Expect），一致性（Identities），缺失或插入（Gaps）。

4.结果下载保存

对选择的序列进行操作，比如下载这些序列、画系统发育树、进行多重比对。勾选需要保存的序列，点击【Download】按钮，弹出下拉对话框，选择【FASTA（complete sequence）】选项，点击【Continue】按钮，在弹出的下载对话框中，为文件命名，保存格式 *.txt。将文件保存到指定位置，方便后续工作。

五、实验报告

1.实验结果：

（1）记录 B83 菌株的 16S rRNA 基因序列。

（2）记录 NCBI 中 BLAST 比对的结果，初步判断 B83 菌株的种属。

2.思考题：

双脱氧终止法测序的基本原理是什么？

实验二十五　系统发育树的构建

一、实验目的

1.学习应用 clustal x 软件对 16S rRNA 序列进行多序列比对。

2.学习应用 MEGA 软件进行微生物系统发育树的构建。

二、实验原理

系统发育树（Phylogenetic tree）又叫系统进化树或系统演化树，是表明被认为具有共同祖先的各物种间演化关系的树，在树中每个节点代表其各个分支的最近共同祖先，而节点的线段长度对应了其演化的距离。由于原核微生物的 16S rDNA 和真核微生物的 18S rDNA 的序列组成非常稳定，不会随着环境条件的变化而变化。因此，根据所分离菌株是原核微生物还是真核微生物，分析 16S rDNA 或 18S rDNA 的碱基序列，与已知属种的 16S rDNA 或 18S rDNA 碱基序列作比对，利用不同微生物在 16S rRNA 及其基因（rDNA）序列上的差异来进行微生物种类的鉴定和定量分析，确定分离菌株的归属地位。通过比较未知菌株的 16S rDNA 的序列，计算不同物种之间的遗传距离，采用邻近法或聚类分析法等方法，将微生物进行归类，并绘制出该菌株的系统发育树（Phylogenetic tree）。

构建系统发育树的主要有三种方法：距离矩阵法、最大简约法、最大似然法。

1.距离矩阵法（distance matrix method）

首先通过各个物种之间的比较，根据一定的假设（进化距离模型）推导出分类群之间的进化距离，构建一个进化距离矩阵。由进化距离构建进化树的方法，常用的有如下几种：

1）平均连接聚类法（UPGMA 法）：聚类的方法很多，应用最广泛的是平均连接聚类法（average linkage clustering）或称为应用算术平均数的非加权成组配对法（unweighted pair-group method using anarithmetic average. UPGMA）。该法将类间距离定义为两个类的成员有成对距离的平均值，广泛用于距离矩阵。有关突变率相等（或几乎相等）的假设对于 UPGMA 的应用是重要的。UPGMA 法包含这样的假定：沿着树的所有分枝突变率为常数。

2）Fitch-Margoliash method（FM 法）：该法的应用过程包括插入"丧失的"实用分类单位（operational taxonomic units，OTU）作为后面 OTU 的共同祖先，并每次使分枝长度拟合于三个 OTU 组。采用 Fitch 和 Margoliash 称之为"百分标准差"的一种拟合优度来比较不同的系统树，最佳系统树应具有最小的百分标准差。根据百分标准差选择系统树，其最佳系统树可能与由 Fitch-Margoliash 法则所得的不同。当存在分子钟时，可以预期这一标准差的应用将给出类似于 UPGMA 法的结果。如果不存在分子钟，在不同的世系（分枝）中的变更率不同，则 Fitch-Margoliash 标准就会比 UPGMA 法好得多。通过选择不同的 OTU 作为初始配对单位，就可以选择其他的系统树进行考查。

3）邻接法（neighbor-joining method，NJ 法）：通过确定距离最近（或相邻）的成对分类单位来使系统树的总距离达到最小。相邻是指两个分类单位在某一无根分叉树中仅通过一个节点（node）相连。通过循序地将相邻点合并成新的点，就可以建立一个相应的拓扑树。

2. 最大简约法（maximum parsimony，MP）

通过寻求物种间最小的变更数来完成的。其理论基础是奥卡姆（Ockham）哲学原则，认为解释一个过程的最好理论是所需假设数目最少的那一个。对所有可能的拓扑结构进行计算，并计算出所需替代数最小的那个拓扑结构，作为最优树。优点是：最大简约法不需要在处理核苷酸或者氨基酸替代的时候引入假设（替代模型）。此外，最大简约法对于分析某些特殊的分子数据如插入、缺失等序列有用。其缺点是：在分析的序列位点上没有回复突变或平行突变。

3. 最大似然法（maximum likelihood，ML）

在分析中，选取一个特定的替代模型来分析给定的一组序列数据，使得获得的每一个拓扑结构的似然率都为最大值，然后再挑出其中似然率最大的拓扑结构作为最优树。在最大似然法的分析中，所考虑的参数并不是拓扑结构而是每个拓扑结构的枝长，并对似然率求最大值来估计枝长。最大似然法是一个比较成熟的参数估计的统计学方法，具有很好的统计学理论基础，当样本量很大的时候，似然法可以获得参数统计的最小方差。

系统进化树的构建除了邻接法（NJ）、最大简约法（MP）和最大似然法（ML）外，还有贝叶斯（Bayesian）推断方法。一般情况下，若有合适模型，ML 的效果较好；近缘序列，一般使用 MP（基于的假设少）；远缘序列，一般使用 NJ 或 ML。对相似度很低的序列，NJ 往往出现长枝吸引现象（long-branch attraction，LBA），有时会严重干扰进化树的构建；贝叶斯的方法则太慢。用各种方法构建的系统进化树，贝叶斯方法的准确性最高，其次是 ML，最后是 MP。对于 NJ 和 ML 两种方法，需要选择构建模型。对于核酸及蛋白质序列，两者模型的选择是不同的。蛋白质序列，一般选择 Poisson Correctlon（泊松修正）这一模型；而对于核酸序列，一般选择 Kimura 2 参数（parameter）模型。

进化树评估优化方法常用的有两种：Bootstrap 方法和 Jackknife 方法。所谓 Bootstrap 法，就是从整个序列的碱基（或氨基酸）中任意选取一般，剩下的一半序列随机补齐组成一个新的序列。这样，一个序列就可以变成了许多序列，一个多序列组也就可以变成许多个多序列组。根据某种算法（最大简约法、最大可能性法、邻位相连法），每个多序列组都可以生成一个进化树。将生成的许多进化树进行比较，按照多数规则（majority rule），就会得到一个最逼真的进化树。其数值反映了该树枝的可信百分比。当 Bootstrap 值>70 时，一般都认为构建的进化树较为可靠。所谓 Jackknife 则是另一种随机选取序列的方法，它与 Bootstrap 法的区别是不将剩下的一半序列补齐，只生成一个缩短了一半的新序列。通常情况下，用一种方法获得进化树图后，建议通过另外的方法建树，如果得到的进化树基本一致，可以认为构建的进化树是可靠的。

构建系统进化树的软件较多。构建 NJ 或 MP 进化树，可以用 PHYLIP 或 MEGA 软件。构建 ML 树，可以用 PHYML、PHYLIP 或 BioEdit 等软件。MEGA 软件（Molecular Evolutionary Genetics Analysis，分子进化遗传分析）是一个关于序列分析以及比较统计的工具包，其中包括距离建树法和 MP 建树法，可自动或手动进行序列比对、推断进化树、估算分子进化率、进化假设测验，还能联机 Web 数据库检索。

需要强调的是，在用 MEGA 建树前，必须要进行序列比对，常用的序列比对软件 Clustal x 是 Clustal 多重序列比对程序的 Windows 版本，Clustal x 的比对结果是构建系统发育树的前提。

三、实验材料

菌株 B83 测序返回的 16S rRNA 序列、clustal x2 软件、MEGA 6 软件。

四、实验步骤

（一）应用 clustal x2 软件进行多序列比对

1. 下载要建树的菌株 16S rRNA 序列。通过 NCBI 中 BLAST 比对的结果，可以初步判断 B83 菌株的种属。然后可以通过 IJSEM 期刊（International Journal of Systematic and Evolutionary Microbiology）查找已获得承认的相关属种标准菌株的发表论文，IJSEM 论文中建树选择的参比菌株，可以为构建科学合理、美观大方的系统发育树提供很好的参考借鉴。选择建树的参比菌株需要注意：（1）不选非培养（unclutured）微生物为参比；（2）不选未定分类地位的微生物，最相近的仅作参考；（3）在保证同属的前提下，优先选择 16S rDNA 全长测序或全基因组测序的种；（4）每个种属选择一个参考序列，如果自己的序列中同一属的较多，可适当选择两个参考序列。根据选择的参比标准菌株的序列号，通过 NCBI 网站下载该菌株的 FASTA 格式文本文件（如图 6-7），保存到文件夹中。

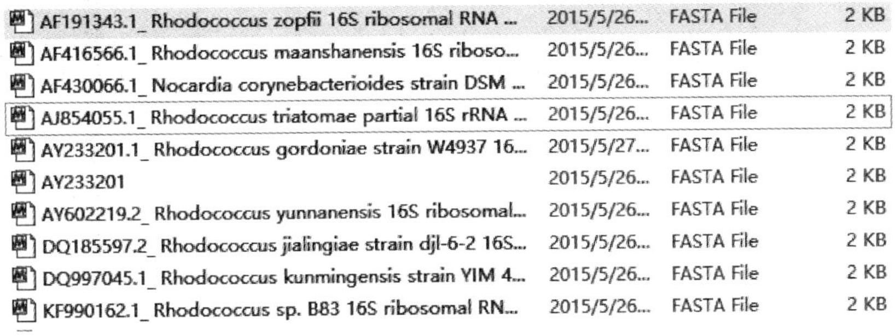

图 6-7 不同菌株的 FASTA 格式文本

2. 为便于将要建树的所有菌株的 16s rRNA 序列一次性倒入到 clustal x2 软件中，可打开各菌株的 FASTA 格式文本，将菌株的 16s rRNA 序列直接复制粘贴到一个新建文本文档中（∗.txt）（图 6-8）。注意该新建文本的文件名、保存的文件夹及路径，均不要出现中文字符，否则 clustal x2 软件将无法加载。

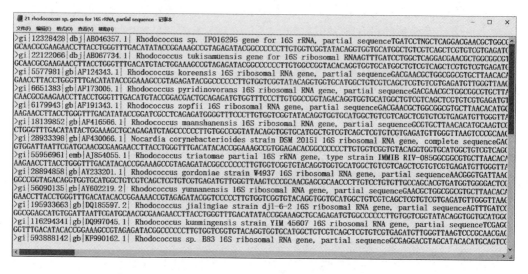

图 6-8　全部要建树菌株的 16s rRNA 序列的 ∗.txt 文本文档

3. 安装并打开 clustal x2 软件，点击【load】加载包含全部菌株 16s rRNA 序列的 ∗.txt 文本文档，结果如图 6-9 所示。

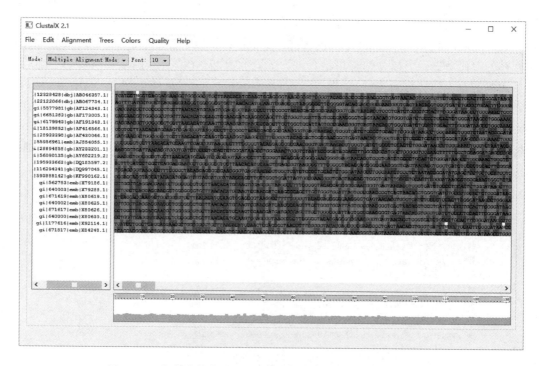

图 6-9　已加载全部菌株 16s rRNA 序列的 clustal x2 软件主界面

4. 点击【Alignment】按钮，在下拉菜单中选择【Do Complete Alignment】，弹出【Complete Aligent】对话框，如图 6-10 所示。弹出对话框，提示保存文件的格式为 *.dnd 和 *.aln。默认设置，点击 ok 就开始 Complete Aligent。

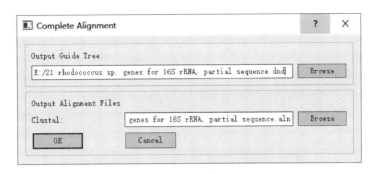

图 6-10 【Complete Aligent】对话框

Complete Aligent 的结果如图 6-11 所示。同时系统会自动生成 *.dnd 和 *.aln 格式文本，并且会自动存入 *.txt 对应的文件夹路径中。可以打开 *.txt 对应的文件夹查看，文件夹中 *.aln 和 *.dnd 文件已经存在（图 6-12）。

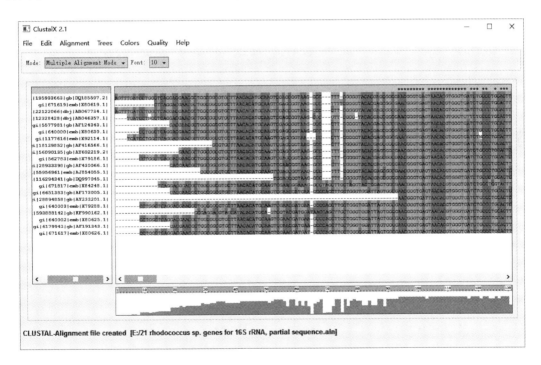

图 6-11 Complete Aligent 的运算结果

（二）应用 MEGA 6 软件构建系统发育树

1. 安装并打开 MEGA 6 软件（图 6-13），点击【File】，出现下拉菜单，点击【open a file/session】，在弹出的对话框中找到 *.aln 所在的文件夹（注意保存的文件夹及路径均不要出现中文字符，否则不能加载），选择打开 *.aln 文件，即导入了该文件。

名称	修改日期	类型	大小
21 rhodococcus sp. genes for 16S rR...	2017/3/29 17:14	ALN 文件	57 KB
21 rhodococcus sp. genes for 16S rR...	2017/3/29 17:14	DND 文件	1 KB
21 rhodococcus sp. genes for 16S rR...	2015/5/27 9:25	文本文档	33 KB

图 6-12　自动生成的 ∗.aln 和 ∗.dnd 文件

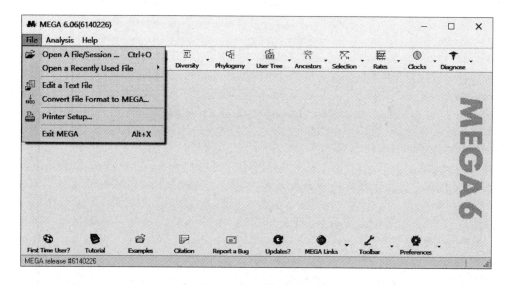

图 6-13　MEGA 6 软件主界面

2. ∗.aln 文件倒入 MEGA 6 软件后，会弹出如图 6-14 的标题为【Text File Editor and Format Converter】的界面。

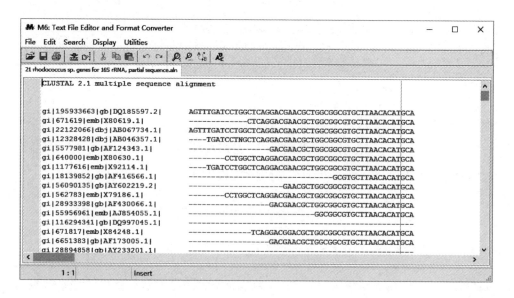

图 6-14　【Text File Editor and Format Converter】界面

3. 转到 MEGA 6 主界面（图 6-15），点击【file】，在下拉菜单中点击【Convert File Format to MEGA】。弹出如图 6-16 的【M6：Select File and Format】小对话框，点击 ok。在新弹出的如图 6-17 的【另存为】小对话框中点击【保存】。会新弹出如图 6-18 的【MEGA 6】小对话框，提示检查一下序列是否正常，序列没问题就点【ok】。检查会发现，新生成的 *.meg 文件会和 *.txt 文本文档、*.dnd 和 *.aln 格式文本的文件在一个文件夹中（图 6-19）。

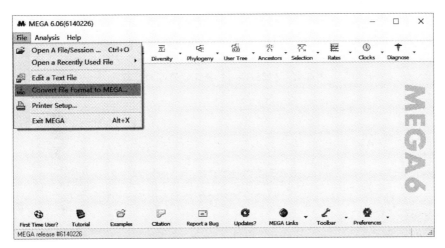

图 6-15　MEGA 6 主界面

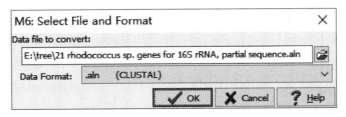

图 6-16　【M6：Select File and Format】对话框

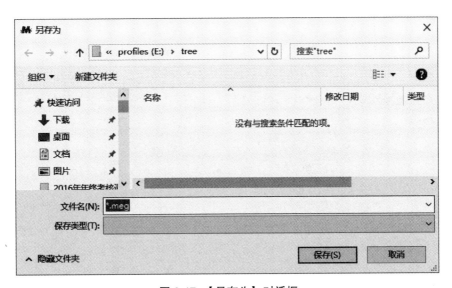

图 6-17　【另存为】对话框

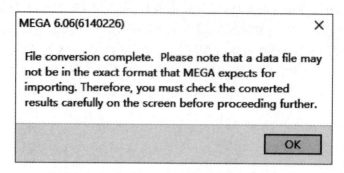

图 6-18 【MEGA 6】提示检查的对话框

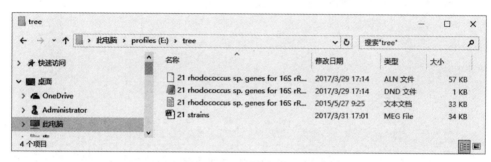

图 6-19 ＊.meg 与＊.txt、＊.dnd 和＊.aln 同在一个文件夹

4. 关闭【Text File Editor and Format Converter】界面。在 MEGA 6 主界面上，点击【File】在下拉菜单中点击【Open a File】，在弹出的对话框中找到＊.meg 文件所在的文件夹，选择【打开】＊.aln 文件。将会弹出如图 6-20 的【M6：Input Data】小对话框，由于本次实验材料为 16S rRNA 序列，故选择默认的【Nucleotde Sequences】选项，点击【ok】。

5. 弹出如图 6-21 的【Confirm】小对话框，点击【yes】。弹出如图 6-22 新的【M6：Select Genetic Code】小对话框，默认的【standard】选项，不用修改，直接点击【ok】即可。

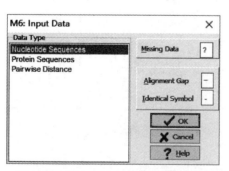

图 6-20 【M6：Input Data】小对话框

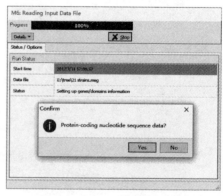

图 6-21 【Confirm】小对话框

6. 点击【ok】后，出现如图 6-23 所示的 MEGA 6 主界面。注意此时 MEGA 6 软件界面出现 TA 的图框。

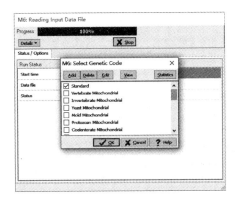

图 6-22 【M6：Select Genetic Code】小对话框

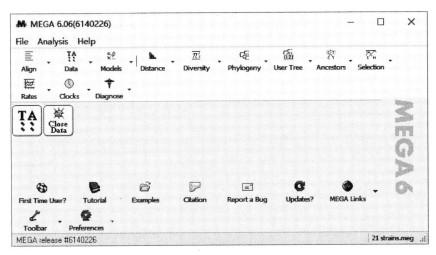

图 6-23 MEGA 6 主界面

7. 点击 TA 图框，点击后弹出如图 6-24 的【M6：Sequence Data Explorer】窗口。点击保存图标，弹出如图 6-25 的【M6：Sequence Data Explorer】小对话框，保持默认设置，点击【ok】。

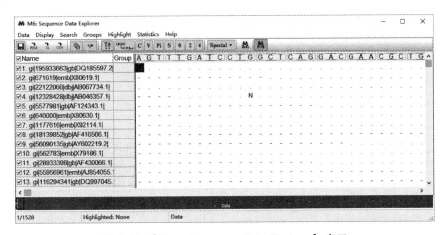

图 6-24 【M6：Sequence Data Explorer】窗口

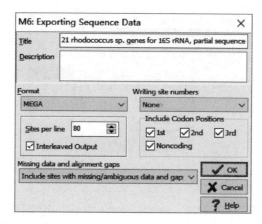

图 6-25 【M6：Exporting Sequence Data】小对话框

8. 点击【ok】后，弹出如图 6-26 的【M6：Text File Editor and Format Converter】窗口。不用关闭该窗口，直接在 MEGA 6 主界面上（图 6-27），点击【Analysis】，下拉菜单中选择【Phylogeny】中的【Construct/Test Neighbor-Joining tree】选项。

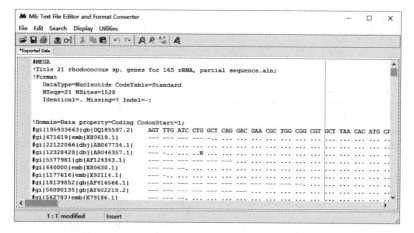

图 6-26 【M6：Text File Editor and Format Converter】窗口

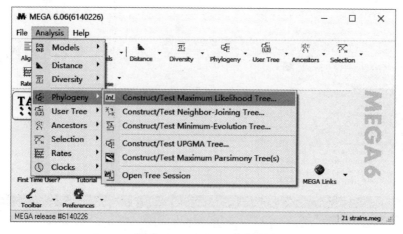

图 6-27 MEGA 6 主界面

9. 弹出如图 6-28 的【Use the active file?】小对话框，直接点击【Yes】。

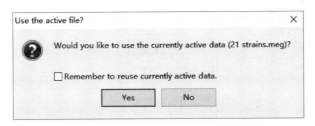

图 6-28　【Use the active file?】小对话框

10. 点击【Yes】后，弹出如图 6-29 的【M6：Analysis Preferences】对话框。一般 Test of Phylogeny 右侧的选项设置为 bootstrap method。下面的 No. of bootstrap replications 一般设置为 1000 即可。其余选项默认设置，然后点击【Compute】。MEGA 6 程序开始运算，运算过程可能需要数秒，运算界面见图 6-30。

Option	Selection
Analysis	Phylogeny Reconstruction
Scope	All Selected Taxa
Statistical Method	Neighbor-joining
Phylogeny Test	
Test of Phylogeny	Bootstrap method
No. of Bootstrap Replications	1000
Substitution Model	
Substitutions Type	Nucleotide
Genetic Code Table	*Not Applicable*
Model/Method	Maximum Composite Likelihood
Fixed Transition/Transversion Ratio	*Not Applicable*
Substitutions to Include	d: Transitions + Transversions
Rates and Patterns	
Rates among Sites	Uniform rates
Gamma Parameter	*Not Applicable*
Pattern among Lineages	Same (Homogeneous)
Data Subset to Use	
Gaps/Missing Data Treatment	Complete deletion
Site Coverage Cutoff (%)	*Not Applicable*
Select Codon Positions	☑1st ☑2nd ☑3rd ☑Noncoding Sites

图 6-29　【M6：Analysis Preferences】对话框

11. 运算完毕后，弹出建好进化树的新窗口，见图 6-31【M6 Tree Explorer】。直接双击菌株，即可修改名称。也可以建好树以后，在树上点击右键，选择【Compress/Expand】选项，然后选择你要修改的枝，单击左键，就会就会打开【Subtree Drawing Options】选项，然后在里面的【Name/Caption】框中就能输入新的名称，后面的【Font】按钮支持你改变字体。

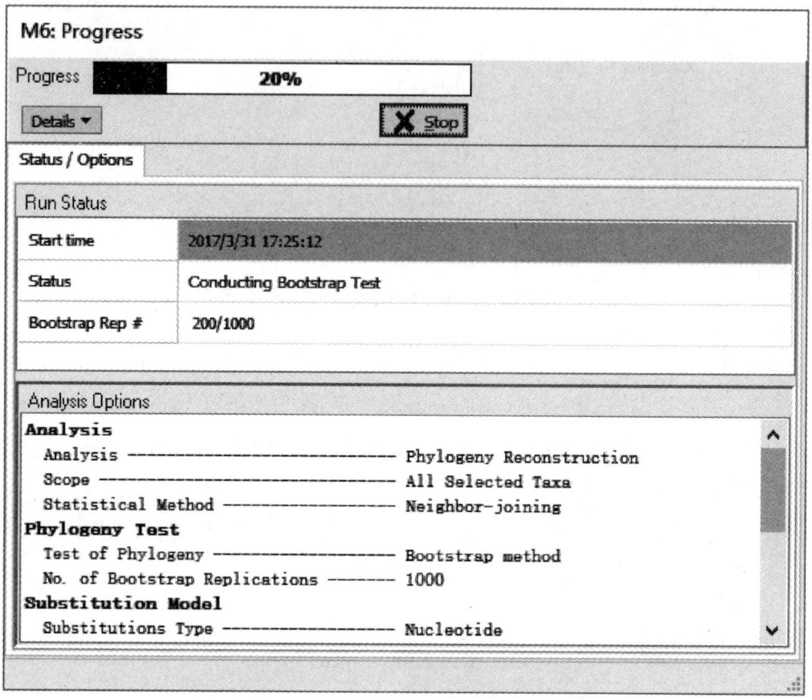

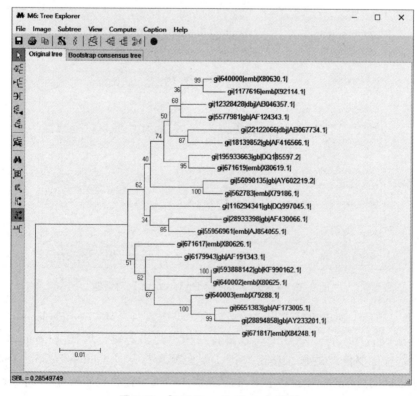

图 6-30　MEGA 6 程序运算界面

图 6-31　【M6 Tree Explorer】窗口

12. 建好进化树后，往往需要对进化树做一些美化，达到不同期刊发表文章对进化树的具体要求。这个工作完全可以在微软公司的 Powerpoint 软件中完成（注意 WPS 版本的 Powerpoint 不支持此项操作）。点击【M6 Tree Explorer】界面的【Image】选项，在下拉菜单中选择【Copy to Clipboard】。然后新建一个 ∗.ppt 文档，选择粘贴。然后就可以在 Powerpoint 软件中按照需要进行美化，建成符合发表要求的标准的进化树（图 6-32）。MEGA 软件的结果保存后关闭即可。

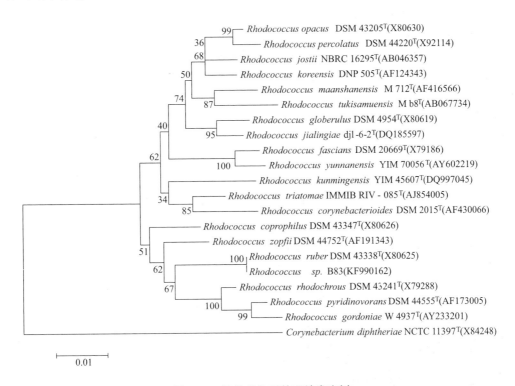

图 6-32　修饰美化后的系统发育树

五、实验报告

（一）实验结果
将建好的系统发育树以图片格式保存并粘贴到 word 文档中。

（二）思考题
（1）分离的微生物为什么要构建系统发育树？
（2）可否尝试选择某一个菌株的测序结果进行系统发育树的构建？

实验二十六　Biolog 自动微生物鉴定系统的应用

一、实验目的

1. 了解 Biolog 技术的基本原理和方法。
2. 学习并熟悉 Biolog 自动微生物鉴定系统软件的操作方法及数据库的应用。

二、实验原理

Biolog 技术由美国的 BIOLOG 公司于 1989 年开发成功，最初应用于纯种微生物鉴定，至今已经能够鉴定包括细菌，酵母菌和霉菌在内的 2000 多种病原微生物和环境微生物。1991 年，Garland 和 Mill 开始将这种方法应用于土壤微生物群落的研究。Biolog 方法用于环境微生物群落研究，具有以下特点：（1）灵敏度高，分辨力强。对多种碳源利用能力（sole-carbon source utilization，SCSU）的测定可以得到被测微生物群落的代谢特征指纹（metabolic fingerprint），分辨微生物群落的微小变化。（2）无需分离培养纯种微生物，可最大限度地保留微生物群落原有的代谢特征。（3）测定简便，数据的读取与记录可以由计算机辅助完成。微生物对不同碳源代谢能力的测定在一块微平板上一次完成，效率大大提高。

Biolog 全自动微生物鉴定仪（图 6-33）是由美国的 BIOLOG 公司研制开发的新型自动化快速微生物鉴定系统。Biolog 系统主要由 Biolog 微孔板、微孔板读数器和一套微机系统组成。Biolog 自动微生物鉴定系统的微孔板有 96 孔（图 6-34），横排为：1、2、3、4、5、6、7、8、9、10、11、12；纵排为：A、B、C、D、E、F、H。微孔板的 96 孔由对照孔 A1（孔内为水）和 95 孔不同单一碳源物质组成，96 孔中都含有四唑类氧化还原染色剂。

图 6-33　Biolog 全自动微生物鉴定仪

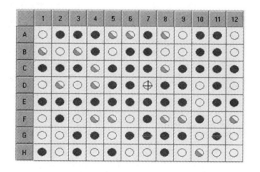

图 6-34　Biolog 微孔板示意图

当在 Biolog 微孔板接种纯培养的菌液时，待测细菌在利用碳源的过程中产生的自由电子，与四唑盐染料发生还原显色反应，其中一些孔的营养物质被利用，使孔中呈现出不同的颜色变化，从而构成该种微生物特有的"代谢指纹"，经相应的仪器记录，结果输入 Biolog 配套软件、与标准菌种的数据库进行比较，从而将被测菌种鉴定出来。对于真核微生物——酵母菌和霉菌还需要通过读数仪读取碳源物质被同化后的变化（即浊度的变化），以进行最终的分类鉴定。

三、实验材料

（一）菌种
分离纯化的细菌、酵母菌或霉菌。

（二）试剂/培养基
Biolog 微生物培养基（见附录 3）、Biolog 微孔板、浊度标准液、Biolog 专用菌悬液稀释液。

（三）仪器器皿

Biolog 全自动微生物鉴定仪、浊度仪、恒温培养箱、8 孔移液器，试管等。

四、实验步骤

1. 微生物纯培养

首先需纯化菌株 2~3 次，确保需鉴定的菌株为纯菌株。如果菌株为冻干或冷冻样品，需要传代培养 2~3 代，让菌株恢复活力。

2. 革兰氏染色和菌落菌株形态观察

对纯化好的菌株做革兰氏染色，确定菌株是革兰氏阴性还是阳性（表6-1）。观察菌落外部形态或用显微镜观察菌株形态，确定是酵母还是丝状真菌，是球菌还是杆菌。如果是革兰氏阴性菌，还需要最终确认是肠道菌、非肠道菌或苛生菌。如果是革兰氏阳性菌，用革兰氏染色可以很容易的区分球菌和杆菌，推荐再做一个过氧化氢酶实验，最终确定是球菌还是杆菌。通过革兰氏染色或观察菌落形态可以区分出芽孢杆菌。

Biolog 微生物鉴定样品处理步骤　　　　　　　　　　　表 6-1

Biolog 微生物鉴定样品处理步骤							
分离纯化培养基	BUG+B 通用培养基加羊血				BUA+B 厌氧培养基加羊血	BUY 酵母培养基	2%ME、2%麦芽汁提取物
革兰氏染色和菌落菌株形态观察							
革兰氏染色	革兰氏阴性						
确认实验	氧化酶反应阳性	氧化酶反应阴性、三糖铁实验A/A或K/A	需在巧克力培养基上或需要6.5%CO$_2$培养	革兰氏阳性	厌氧菌	酵母菌	丝状真菌
确认实验	氧化酶反应阴性、三糖铁实验 K/K 或 K/A^w						
微生物类型	GN-NENT 非肠道菌	GN-ENT 肠道菌	GN-FAS 苛生菌	GP-COCCUS-ROD 杆球菌、GP-COCCUS 球菌、GP-ROD 杆菌	GP-ROD （芽孢杆菌）	AN 厌氧菌	YT 酵母菌	FF 丝状真菌
扩大培养基	BUG+B	BUG+B	巧克力培养基	BUG+B	BUG+M+T	BUA+B	BUY	2%ME
培养温度	30℃	35~37℃	35~37℃	35~37℃	30℃	35~37℃	26℃	26℃
培养气体	空气	空气	6.5% CO$_2$	空气或 6.5% CO$_2$	空气	无氢气的厌氧环境	空气	空气
接种液类型	GN/GP-IF	GN/GP-IF+T	GN/GP-IF+T	GN/GP-IF+T	GN/GP-IF	AN-IF	水	FF-IF

Biolog 微生物鉴定样品处理步骤							
分离纯化培养基	BUG+B 通用培养基加羊血				BUA+B 厌氧培养基加羊血	BUY 酵母培养基	2%ME、2%麦芽汁提取物
接种浊度/浊度标准管	52%T GN-NENT	61%T GN-ENT	20%T GP-COC&GP-ROD&GN-FAS	20%T GP-COC&GP-ROD&GN-FAS	28%T GP-ROD SB	65%T AN	47%T YT	75%T FF
鉴定板类型/每孔菌悬液的量	GN2 150μL	GN2 150μL	GN2 150μL	GP2 150μL	GP2 150μL	AN 100μL	YT 100μL	FF 100μL
培养时间（h）	4~6，16~24	4~6，16~24	4~6，16~24	4~6，16~24	4~6，16~24	20~24	24,48,72	24,48,72,96

3. 扩大培养

微生物的扩大培养应该用 Biolog 推荐的培养基和培养条件（表6-1），以便使微生物达到最佳的代谢活性，进而准确的和数据库中的代谢模式匹配。即将待鉴定的微生物采用划线分离法或稀释涂布法，接种到相应的培养基平板上，按照对应的培养条件培养（培养温度、培养气体、培养时间）即可。微生物培养至指数增长期即可进行后续实验，因为一些菌株在达到稳定期时会失去生存能力或代谢活性，推荐的培养周期为 4~24h。

4. 制备特定浓度的菌悬液

用接种液将棉签稍微浸湿，用棉签在菌落上面轻轻地滚动可以将菌落取到接种液中，从而不会将培养基或其他营养物质带入接种液。先取单菌落，不够再取生长紧密的菌落。在试管内壁接种液液面的上方，旋转挤压棉签可以将菌落团分散。然后上下移动棉签，将分散的菌落和接种液充分混合形成均一无菌团的菌悬液。如果菌悬液有菌团，可以让菌团沉到管底。调整浊度直至达到允许的范围，增加接种液或添加菌落可以降低或升高菌悬液的密度。在鉴定革兰氏阴性肠道菌和苛生菌的时候，在接种液里应该准确加三滴巯基乙酸钠。巯基乙酸钠的作用是抑制芽孢形成，并且可以部分或完全的抑制 A1 或其他孔由于微生物利用自身分泌的聚多糖荚膜而出现的紫色。一些非肠道菌液需要添加巯基乙酸钠。

5. 微孔板接种及培养

根据所需微孔板类型及每孔菌悬液的量（表6-1），使用 8 孔移液器，将菌悬液接种到微孔板上的 96 孔中。接种不要超过 20min。如果长时间不接种到微孔板上，一些菌会失去代谢活性。

接种后的培养环境根据所鉴定的菌株种类而定（表6-1）。对于革兰氏阴性阳性菌，鉴定板培养 4~6h 可以进行一次读数，过夜培养（16~24h）可再进行一次读数。厌氧菌在培养 20~24h 后进行一次读数即可。酵母和丝状真菌所需培养时间稍长，一般间隔 24h 读一次数。培养过程中可以准备一个塑料容器，在底部铺上湿纸巾，把鉴定板放在纸巾上，可以防止鉴定板外缘孔水分的蒸发。

6. Biolog 鉴定仪操作

开启读数仪和电脑，打开 Biolog 软件，并对读数仪进行初始化，设置好各项参数（培养时间、菌株名称、菌株编号、菌株类型），用纸巾擦干净培养好的微孔板底部，放入读数仪，A1 孔位于左上方。即可点击"Read This"进行读数。鉴定结果自动显示在屏幕下方，将所得数据进行保存即可。

7. 鉴定结果分析

GN、GP 数据库是动态数据库：微生物总是最先利用最适碳源并最先产生颜色变化，颜色变化也最明显；对次最适的碳源，菌体利用较慢，相应产生的颜色变化也较慢，颜色变化也没有最适碳源明显。动态数据库则充分考虑了微生物的这种特性，使结果更准确和一致。酵母菌和霉菌是终点数据库：软件同时检测颜色和浊度的变化。

软件将对 96 孔板显示出的实验结果按照与数据库的匹配程度列出 10 个鉴定结果，并在 ID 框中进行显示，如果第 1 个结果都不能很好匹配，则在 ID 框中就会显示"No ID"。

评估鉴定结果的准确性：%PROB 提供使用者可以与其他鉴定系统比较的参数；SIM 显示 ID 与数据库中的种之间的匹配程度；DIST 显示 ID 与数据库中的种间的不匹配程度。

种的比较："+"表示样品和数据库的匹配程度≥80%；"−"表示样品和数据库的匹配程度≤20%。

五、实验报告

（一）实验结果

1. 记录实验微生物样品的处理步骤、Biolog 实验模式及鉴定结果。

2. 评估鉴定结果的准确性，若结果不理想，试分析原因。

（二）思考题

1. 根据什么条件选择 Biolog 微孔板？

2. Biolog 微生物鉴定技术可用于哪些方面？

实验二十七　变性梯度凝胶电泳技术（DGGE）

一、实验目的

掌握变性梯度凝胶电泳检测新的突变，以及测定高度多态基因的基因型的技术方法。

二、实验原理

在现代遗传学中 DNA 序列突变的分析占有十分重要的地位。由于在较大 DNA 序列中检测一个细微的突变非常困难，因而现在人们建立了几种方法来解决这一难题。变性梯度凝胶电泳（DGGE）能把长度相同而核苷酸顺序不同的双链 DNA 片段分开。这种方法利用了 DNA 分子从双螺旋型变成局部变性型时电泳迁移率会下降的现象。不同的 DNA 片段发生这种变化所需梯度不同。DGGE 的凝胶中沿电场方向变性剂（甲醛和尿素）含量递增，当 DNA 片段通过这种变性剂递增的凝胶时，不同分子的电泳迁移率在不同区域会发生降低。这就可使核苷酸顺序不同 DNA 片段分开。此方法可作为测序的初始步骤在杂合个体中分离等位基因。许多研究表明变性递度凝胶电泳分离能力很强，它可以把相差仅 1bp 的 DNA 片段分开。

三、仪器、材料与试剂

1. 50×TAE 缓冲液：（2mol/LTris 乙酸盐，0.05mol/L EDTA pH8.0）1L 体积：242gTris 碱，57.1mL 冰醋酸，100mL、0.5mol/L EDTA、pH=8.0，加水至1L。

2. 丙烯酰胺贮存液：40%丙烯酰胺（38：2 丙烯酰胺：双丙烯酰胺）。

3. 过硫酸铵贮存液（10%）：10mL 配制：1g 过硫酸铵加水至10mL。TEMED（N，N，N′，N′，—四甲基乙二胺）。（生物秀实验频道 www.bbioo.com）

4. 变性剂贮存液（0%）：6%丙烯酰胺 TAE 溶液。250mL 溶液配制：37.5mL 丙烯酰胺贮存液，5mL 50×TAE 缓冲液，加水至250mL，过滤和排气。

5. 变性剂贮存液（100%）：6%丙烯酰胺，7mol/L 尿素，40%甲醛 TAE 溶液。250mL 配制：37.5mL 丙烯酰胺贮存液，5mL50×TAE 缓冲液，105g 尿素，100mL 甲醛，加水至750mL，过滤并排气。

6. 染料：40%（W/V）蔗糖，0.25%溴酚蓝，0.25%二甲苯青和30%甘油。

7. DGGE 制胶系统。

8. DGGE 电泳系统。

9. 凝胶成像系统。

四、实验步骤

变性梯度凝胶电泳 DGGE 操作步骤：

1. 将海绵垫固定在制胶架上，把类似'三明治'结构的制胶板系统垂直放在海绵上方，用分布在制胶架两侧的偏心轮固定好制胶板系统，注意一定是短玻璃的一面正对着自己。

2. 共有3根聚乙烯细管，其中2根较长的为15.5cm，短的那根长9cm。将短的那根与 Y 形管相连，两根长的则与小套管相连，并连在30mL 的注射器上。

3. 在两个注射器上分别标记'高浓度'与'低浓度'，并安装上相关的配件，调整梯度传送系统的刻度到适当的位置。

4. 反时针方向旋转凸轮到起始位置。为设置理想的传送体积，旋松体积调整旋钮。将体积设置显示装置固定在注射器上并调整到目标体积设置，旋紧体积调整旋钮。例如 16cm×16cm gels（1mm 厚）：设体积调整装置到14.5。

5. 配制2种变性浓度的丙烯酰胺溶液到2个离心管中。

6. 每管加入18μL TEMED，80μL 10%APS，迅速盖上并旋紧帽后上下颠倒数次混匀。用连有聚乙烯管标有'高浓度'的注射器吸取所有高浓度的胶，对于低浓度的胶操作同上。

7. 通过推动注射器推动杆小心赶走气泡并轻柔地晃动注射器，推动溶液到聚丙烯管的末端。注意不要将胶液推出管外，因为这样会造成溶液的损失，导致最后凝胶体积不够。

8. 分别将高浓度、低浓度注射器放在梯度传送系统的正确一侧固定好，注意这里一定要把位置放正确，再将注射器的聚丙烯管同 Y 形管相连。

9. 轻柔并稳定地旋转凸轮来传送溶液，在这个步骤中最关键的是要保持恒定匀速且缓慢地推动凸轮，以使溶液恒速的被灌入到三明治式的凝胶板中。

10. 小心插入梳子，让凝胶聚合大约 1h。并把电泳控制装置打开，预热电泳缓冲液到 60℃。

11. 迅速清洗用完的设备。

12. 聚合完毕后拔走梳子，将胶放入到电泳槽内，清洗点样孔，盖上温度控制装置使温度上升到 60℃。

13. 用注射针点样（预先准备好的活性污泥 16S rDNA V3 区 PCR 扩增产物，变性聚丙烯酰胺凝胶电泳纯化）。

14. 电泳（200V，5h）。

15. 电泳完毕后，先拨开一块玻璃板，然后将胶放入盘中。用去离子水冲洗，使胶和玻璃板脱离。

16. 倒掉去离子水，加入 250mL 固定液（10%乙醇，0.5%冰醋酸）中，放置 15min。

17. 倒掉固定液，用去离子水冲洗两次，倒掉后加入 250mL 银染液（0.2% AgNO$_3$，用之前加入 200μL 甲醛）中，放置在摇床上摇荡，染色 15min。

18. 倒掉银染液，用去离子水冲洗两次，倒掉后加入 250mL 显色液（1.5%NaOH，0.5%甲醛）显色。

19. 待条带出现后拍照。

五、注意事项

1. 在混合和灌胶时应避免产生气泡。

2. 有时聚丙烯酰胺凝胶的左侧会出现缩水现象以致在胶的顶部到底部之间会产生空气通道，可用 2%熔化的琼脂糖凝胶将其充满。

3. 所有溶液应保存于 4℃棕色瓶中，一般几个月到一年内有效。

4. 电泳时凝胶温度必须保持恒定，要达到这一要求，可把胶板浸没于充分搅拌的温控缓冲液槽内。对于缺乏变性剂时比较容易变性的 DNA 来说，槽内的温度选择在 60℃稍微超过熔点，并且大部分的工作都在 60℃下进行（但温度稍高或低一点都可采用）。温度保持恒定可将电泳缓冲液加热到 60℃，并把胶浸入其中进行电泳即可。

六、PCR-DGGE 在微生物生态学中的应用

PCR-DGGE 技术在微生物生态学中的一个主要用途是分析微生物群落结构组成。Muyzer 等人于 1993 年首次将该技术用于研究微生物菌苔和生物膜系统的群落多样性。此后，该技术被广泛应用于各微生物生态系统，包括土壤、活性污泥、人体和动物肠道、温泉、植物根系、海洋、淡水湖、油藏等。绝大部分研究都是通过扩增细菌或古细菌的 16S rRNA 基因来研究各生态系统中的细菌或古细菌群落多样性。也有用真菌的通用引物扩增 18S rRNA 基因，从而研究真菌的群落多样性。除了通过核糖体 RNA 基因来分析微生物群落结构外，还可以通过扩增功能基因来研究功能基因及功能菌群的多样性。氨单加氧酶（ammonia monooxygenase gene，amoA）基因被用来研究氨氧化菌群；氢化酶基因被用来研究硫酸盐还原菌群；多组分苯酚羟化酶大亚基基因（the largest subunit of the multi-component phenol hydroxylase，LmPH）被用来研究降酚菌群。

PCR-DGGE 技术的另一大优点是能快速同时对比分析大量的样品。因此它既可以对比

分析不同的微生物群落之间的差异，也可以研究同一个微生物群落随时间和外部环境压力的变化过程。除了上述两个主要用途外，PCR-DGGE 技术还有很多其他用途。它可以跟踪监测细菌的富集和分离，从而评价不同培养基及培养条件对分离菌种的影响；可以检测单个纯菌 rRNA 基因的微异质性。

七、实验报告

（一）实验结果
记录环境样品 PCR-DGGE 检测结果。

（二）思考题
1. PCR-DGGE 引物采用"GC 发夹"结构的目的。
2. 灌胶时如何避免产生气泡？

实验二十八　荧光原位杂交技术（FISH）

一、实验目的

了解荧光原位杂交技术原理和方法，应用荧光原位杂交（FISH）实验进行微生物群落生态研究工作。

二、FISH 原理

荧光原位杂交（FISH）技术 FISH 是将细胞原位杂交技术和荧光技术有机结合而形成的新技术。其原理是基于碱基互补的原则，用荧光素标记的已知外源 DNA 或 RNA 作探针，与载玻片上的组织切片、细胞涂片、染色体制片等杂交，与待测核酸的靶序列专一性结合，通过检测杂交位点荧光来显示特定核苷酸序列的存在、数目和定位。目前，荧光原位杂交在微生物系统发育、微生物诊断和环境微生物生态学研究中应用较多。由于微生物的 16S rDNA、23S rDNA 以及它们的间隔区的核苷酸序列具有稳定的种属特异性，通常以它们特定的核苷酸序列为模板，设计互补的寡核苷酸探针，通过与微生物细胞杂交，鉴定微生物的种类、数目以及空间分布等。

利用对 rRNA（主要是 16S 和 23S rRNA）序列专一的探针进行杂交已经成为微生物鉴定的标准方法。近几年，已对 2500 多种细菌的 16S rRNA 进行了测序，在系统发育水平上得到了大量的有用信息。FISH 技术的基本操作过程对染色体、细胞和组织切片来说基本相同，主要包括 4 个步骤：

（1）制备和标记探针；

（2）准备杂交样品；

（3）原位杂交；

（4）信号处理及观察记录。根据不同的实验目的和研究对象，每一步骤的要求和细节会有所变化。

三、步骤和方法

1. 核酸探针的准备

核酸探针是指能与特定核苷酸序列发生特异互补杂交，而后又能被特殊方法检测的被标记的已知核苷酸链。根据来源和性质可将核酸分子探针分为基因组 DNA 探针、cDNA 探针、RNA 探针以及人工合成的寡核苷酸探针几类。可以针对不同的研究目的选用不同的核酸探针，选择的基本原则是探针应具有高度特异性。核酸探针的制备是 FISH 技术关键的一步，影响着该技术的应用与发展。近年来，随着 DNA 合成技术的发展，可以根据需要随心所欲地合成相应的核酸序列，因此，人工合成寡核苷酸探针被广泛采用。这种探针与天然核酸探针相比具有特异性高、容易获得、杂交迅速、成本低廉等优点。

寡核苷酸探针是根据已知靶序列设计的。一般应遵循如下的设计原则：

（1）探针长度：10~50bp。越短则特异性越差，太长则延长杂交时间。

（2）（G+C）%应在 40%~60%，否则降低特异性。

（3）探针不要有内部互补序列，以免形成"发夹"结构。

（4）避免同一碱基连续重复出现。

（5）与非靶序列区域同源性<70%。

目前，已有大量寡核苷酸探针被设计合成，并且建立了有关探针的数据库，研究者可以很方便地通过互联网查询所需的探针或设计探针的资料和软件。常用于环境微生物检测的寡核苷酸探针见表 6-2。

常用于环境微生物检测的寡核苷酸探针表　　　　　　　　　　表 6-2

探针名称	目标微生物
EUB338	mostBacteria
UNIV1390	All Organisms
Chis150	Most of the *Clostridium histolyticum* group（*Clostridium* cluster I and II）
Clit135	some of the *Clostridium lituseburense* group（*Clostridium* clusterXI）
LGC354	*Firmicutes*（*Gram-positive bacteria* with low G+C content）
HGC	*Actinobacteria*（high G+C *Gram-positive bacteria*）
ENT183	*Enterobacteriaceae*
Mg1004	*Methylomicrobium*
MB311	*Methanobacteriales*
Amx368	All ANAMMOX bacteria
NIT3	*N itrobacter* spp.
NSO	*Betaproteobacterial ammonia-oxidizing bacteria*
ACA652	*Acinetobacter*

设计或选定的寡核苷酸探针可以用 DNA 合成仪很方便地合成，然后用荧光素进行标记。常用的荧光素有：异硫氰酸荧光素（FITC）、羧基荧光素（FAM）、四氯荧光素（TET）、六氯荧光素（HEX）、四甲-6-羧罗丹明（TAMRA）、吲哚二羧菁（Cy3，Cy5）等。这些荧光素具有不同的激发和吸收波长，一般需要选择两种以上的探针同时杂交时，要给这几种探针分别标记不同的荧光素。标记的方法分为间接标记和直接标记。

目前，有人在多彩色荧光原位杂交实验中，采用混合调色法和比例调色法，仅用 2~3 种荧光素就可以给 4~7 种探针标记上不同的颜色。探针的合成与标记可以根据条件自己进行或选择相应的生物技术公司来完成。标记好的探针通常放在-20℃、避光保存。使用前，将探针稀释到5ng/mL的质量浓度，分装备用。

2. 杂交样品的准备

对于微生物原位杂交，首先涉及的是微生物样品的收集。既要求尽可能多地收集到样品中的微生物，又要尽量减少样品中杂质对杂交结果的影响。因此，无论是来自人工培养基的，或是自然环境的，还是污水处理设备的微生物样品，必须先经过打碎、离心、清洗等处理步骤。目的是使微生物细胞与杂质分离、除去杂质、收集细胞。可以用灭菌玻璃珠震荡将样品打碎，1000r/min离心2min，取上清液，将上清液5000~8000r/min离心2min，弃上清液，再用PBS将收集到的微生物冲洗一次。上述过程每一步可重复2~3次。然后，需要对收集的样品进行固定和预处理。

这一步要求微生物细胞保持形态基本不变，同时要增大细胞壁的通透性，保证探针顺利进入与DNA或RNA杂交。一般先用4%多聚甲醛溶液固定，4℃过夜。如果不能马上进行杂交实验，可将固定好的样品暂时放在50%乙醇/PBS溶液中，-20℃保存。杂交实验前，用PBS液清洗，离心收集。用蛋白酶K，37℃消化30min，减少蛋白质对杂交的影响。再用溶菌酶处理10min，以增加细胞的通透性。最后用梯度酒精（50%，80%，95%，100%）依次脱水。

3. 杂交

这一步首先涉及配制杂交液。一般的荧光原位杂交液的组成成分有：氯化钠、Tris-Cl缓冲液、SDS或Trionx-100、甲酰胺以及硫酸葡聚糖。各种成分的浓度见表6-3。SDS和Tritonx-100的作用是去污，二者取一即可。硫酸葡聚糖的作用是增加探针的相对浓度。甲酰胺的浓度直接影响杂交的特异性。因此，需根据不同的探针和杂交温度加以选择。一般情况下，甲酰胺的浓度和杂交温度越高，探针的特异性越强。反之，探针的特异性降低。探针在杂交前加入杂交液中，使其终质量浓度为0.15ng/mL。

荧光原位杂交液的组成成分　　　　　　　　　　　　　　　　　　　表6-3

NaCl(mo/L)	Tris-Cl(mmol/L)	SDS(%)	甲酰胺(%)
0.9	20	0.1~1	5~55

杂交在载玻片上进行，取经过预处理的样品涂于载片，充分干燥后，加杂交液。在微生物FISH实验中，样品与杂交液的比例大约为1:2，通常是10μL样品加20μL杂交液，置于46℃杂交炉中，避光杂交2~4h。

由于杂交温度较高，杂交液又很少，容易蒸发干燥，因此，需使用密闭湿盒。杂交完成后，要用洗脱液将多余的探针除去。

常用洗脱液为SET或SSC，洗脱温度低于50℃。洗脱是否充分会影响杂交结果的准确性，因此，常采用多梯度、多次的洗脱方法。如果检测同一样品中的多种微生物，往往需要使用二种以上的探针，只要在洗脱后，在新的杂交液中再加入其他16S rRNA探针溶液，按上述步骤杂交即可。

4. 结果观察和分析

全部操作完成后，加少量对苯二胺-甘油溶液覆盖样品，防止荧光淬灭，再封片。结果用荧光显微镜或激光共聚焦显微镜（CLSM）观察、照相并进行分析。共聚焦显微镜空间分辨力强、敏感性高、可屏蔽自发荧光的干扰。其与数字成像系统结合，可进行量化分析和自动化分析，已越来越多地应用于 FISH 信号检测。另外，利用流式细胞仪可以对于每一个靶细胞-探针杂交物的荧光强度进行定量测定。

四、FISH 技术存在的问题和解决方案

FISH 技术在某些方面也存在缺陷。例如，在营养饥饿状态下，细菌的染色体含量降低，因而细胞中的 16S rRNA 减少，会导致荧光杂交信号减弱形成假阴性结果。为了增强杂交信号，研究了一些荧光增强方法，如多重探测、生物素、亲和素标记等方法。有人利用核酸肽（PNA）作为探针进行原位杂交，检测自来水中的 *E. coli*，取得了与传统的平板计数法相一致的结果。PNA 探针具有稳定、不易降解和较高的杂交亲和力等特性，检测细菌细胞的 rRNA 具有较高的灵敏性，即使是细菌死亡一段时间后也可能被检测到。而且，由于其主链骨架是中性的，并且通常比寡核苷酸探针短，能够通过疏水的细胞壁，具有较好的渗透性，因此，可以大大提高 FISH 实验的灵敏性。

另外，细菌普遍存在的自发荧光现象及探针的特异性不足还可能导致假阳性结果。使用窄波段的滤镜和信号放大系统可能降低自身背景荧光，不同激发波长对自身背景荧光强度也有影响。因此，在检测未知混合微生物时，要进行相应处理。共聚焦显微成像系统（CLSM）可以较好地解决这一问题。探针的特异性需要通过严格的杂交条件控制和设置阳性对照来保证。在进行微生物生态学研究中应结合传统的培养、镜检等方法及现代分子生物学的多种方法，使得到的结果更加可信。

五、FISH 技术的发展

FISH 技术逐渐形成了从单色到多色、从中期染色体到粗线期染色体再向 DNA 纤维的发展趋势，灵敏度和分辨率正在由 mb 向 kb、百分距离向碱基对、多拷贝向单拷贝、大片段向小片段等方向深入。

FISH 技术还与其他技术相结合，为环境微生物的研究提供更多信息。例如，有人利用 FISH 与次级离子质谱（SIMS）结合对厌氧条件下的甲烷氧化菌进行了鉴定；有人采用 FISH 与显微放射自显影技术研究了生化物质在细胞内的合成、转移和转化等代谢过程；还有人利用共聚焦激光扫描显微镜与 FISH 技术得到了不同菌种在颗粒污泥内部成层分布的高清晰照片。与生物传感器结合也是 FISH 技术在环境微生物研究中应用的新手段。随着技术的不断进步，FISH 的准确性和灵敏度将进一步提高，必将在微生物生态学研究领域得到更加充分的应用。

六、实验报告

（一）实验结果
记录环境样品 FISH 检测结果。

（二）思考题
（1）什么是核酸探针？设计核酸探针应遵循哪些规则？
（2）在杂交过程中是否可以同时加入几种探针，如果可以，应该注意什么？

第三部分 环境微生物综合性、研究性实验

第七章 环境微生物综合性实验

实验二十九 大肠杆菌生长曲线的测定

一、实验目的

1. 通过对活性污泥中微生物（主要是细菌）生长量的检测实验，对细菌生长曲线特点及测定原理有所了解。

2. 能够熟练使用分光光度计，学会用比浊法测定细菌的生长曲线。

二、仪器与材料

（一）实验材料

污水处理厂活性污泥。

（二）培养基/试剂

硝化培养基。

（三）实验器材

高压蒸汽灭菌锅、721 分光光度计、比色杯、恒温摇床。

三、实验原理

将少量微生物接种到一定体积的、适合的新鲜培养基中，在适宜的条件下进行培养，定时测定培养液中的菌量，以菌量的对数作纵坐标，生长时间作横坐标，绘制的曲线叫生长曲线。根据微生物在不同时期生长速率的不同，分为延缓期、对数期、稳定期和衰亡期。这四个时期的长短因菌种的遗传性、接种量和培养条件的不同而有所改变。因此通过测定微生物的生长曲线，可以了解微生物的生长规律，对于科研和生产都具有重要的指导意义。由于细菌悬液的浓度与光密度（OD 值）成正比，采用比浊法，利用分光光度计测定菌悬液的光密度来推知菌液的浓度，并将所测的 OD 值与其对应的培养时间作图，即可绘出该菌在一定条件下的生长曲线。它反映了细菌在一定环境条件下于液体培养时所表现出的群体生长规律。

四、实验步骤

1. 制备液体硝化细菌培养基。

2. 细菌接种培养：将 10mL 活性污泥接入液体培养基中，于 37℃下振荡培养。

3. 平板分离硝化细菌，转接到斜面培养。

4. 硝化细菌接入到液体硝化培养基中，于 37℃ 下振荡培养。

5. 生长量测定：将未接种的肉膏蛋白胨培养基倾倒入比色杯中，选用 600nm 波长分光光度计上调节零点，作为空白对照，并对培养液从 0h 起，依次测定不同时间的 OD 值，对浓度大的菌悬液用未接种的牛肉膏蛋白胨液体培养基适当稀释后测定，使其 OD 值在 0.10~0.65 以内，经稀释后测得的 OD 值要乘以稀释倍数，才是培养液实际的 OD 值。

五、实验报告

（一）实验结果

（1）将培养时间内硝化细菌的生物量（OD_{600}）变化填入下表。

培养时间(h)	0	12	24	36	48	60
吸光度(OD_{600})						

（2）绘制细菌生长曲线。

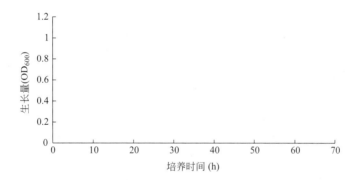

（二）思考题

（1）对实验结果与存在的问题进行总结与简要分析。

（2）为什么说用比浊法测定的细菌生长只是表示细菌的相对生长情况?

实验三十　环境因素对微生物的影响

一、实验目的

了解环境因素（pH、温度、渗透压、化学药物等）对微生物生长的影响。

二、实验原理

影响微生物生长的环境因素很多，包括温度、渗透压、紫外线、酸碱度、化学药物及抗生素等。环境因素的改变，可引起微生物形态、生理、生长及繁殖等特征的改变；当环境因素的改变超过一定限度时，可导致微生物的死亡。因此，了解环境因素与微生物之间的关系，有助于了解微生物在自然界中的分布与作用，对人们有效控制微生物的生命活动具有指导意义。

pH 对微生物的生命活动影响很大。其主要影响在于：引起细胞膜电荷的变化，从而影响了微生物对营养物质的吸收；影响代谢过程中酶的活性；改变生长环境中营养物质的可给性以及有害物质的毒性。每种微生物都有其最适 pH 和一定的 pH 范围。在最适范围内酶活性最高，如果其他条件适合，微生物的生长速率也最高。大多数细菌、藻类和原生动物的最适 pH 为 6.5~7.5，在 pH 4~10 之间也可以生长；放线菌一般在微碱性即 pH 7.5~8 最适合；酵母菌、霉菌则适合于 pH 5~6 的酸性环境。有些细菌甚至可在强酸性或强碱性环境中生活。微生物在基质中生长、代谢作用会改变基质 pH 值。为了维持微生物生长过程中 pH 的稳定，配制培养基时要注意调节 pH，而且往往还要加入缓冲物以保证 pH 在微生物生长繁殖过程中的相对稳定。

温度是影响有机体生长与存活的最重要的因素之一。每一种微生物只能在一定的温度范围内生长。各种微生物都有其生长繁殖的最低温度、最适温度、最高温度和致死温度。只有在一定范围内，机体的代谢活动与生长繁殖才随着温度的上升而增加。当温度上升到一定程度时，便开始对机体产生不利影响。如再继续升高，则细胞功能急剧下降，甚至死亡。大多数微生物属中温型，其适宜生长的温度范围为 25~40℃ 之间，故实验室常采用 28~37℃ 培养微生物。

渗透压是微生物生长繁殖不可忽视的重要因素。适宜于微生物生长的渗透压范围较广，而且它们往往对渗透压有一定的适应能力。突然改变渗透压会使微生物失去活性，逐渐改变渗透压，微生物常能适应这种改变。对一般微生物来说，若将其置于高渗溶液中，水将通过细胞膜从低浓度的细胞内进入细胞周围的溶液中，造成细胞脱水而引起质壁分离，使细胞不能生长甚至死亡。相反，若将微生物置于低渗溶液或水中，外环境中的水将从溶液进入细胞内引起细胞膨胀，甚至使细胞破裂而死亡。

某些化学药剂对微生物的生长有抑制或致死作用。因此，在实验室和生产上常利用某些化学药剂进行杀菌或消毒。常用的化学消毒剂主要有重金属及其盐类、酚、醇、醛等有机化合物以及碘、表面活性剂等。它们的杀菌或抑菌作用主要是使蛋白质变性，或者与酶的 -SH 基结合使酶失去活性所致。酚又名石炭酸，为了比较各种化学消毒剂的杀菌能力，常以石炭酸为标准。石炭酸对细菌的有害作用可能主要是使蛋白质变性，同时又有表面活性的作用，破坏细胞膜的透性，使细胞内含物外溢，当浓度过高时是致死因子。

三、仪器和材料

（一）实验材料

大肠杆菌、金黄色葡萄球菌。

（二）培养基/试剂

牛肉膏蛋白胨固体培养基、牛肉膏蛋白胨培养液、2.5%碘酒、1%来苏尔、5%石炭酸、滤纸条。

（三）实验器材

恒温培养箱、恒温摇床、超净工作台、721 分光光度计。

四、实验步骤

（一）pH 对微生物的影响

1. 将配置好的牛肉膏蛋白胨培养液分成 5 份，分别调 pH 值为 3、5、7、9、11，每种

pH 值配置 2 瓶，每瓶 100mL。高压蒸汽灭菌，121℃、20min。

2. 按照无菌操作，不同 pH 值培养基中分别接入大肠杆菌，120r/min，37℃恒温培养 48h。

3. 测定生长量：将未接种的肉膏蛋白胨培养基倾倒入比色杯中，选用 600nm 波长分光光度计上调节零点，作为空白对照。对 48h 培养液测定其 OD 值。对浓度大的菌悬液用未接种的牛肉膏蛋白胨液体培养基适当稀释后测定，使其 OD 值在 0.10~0.65 以内，经稀释后测得的 OD 值要乘以稀释倍数，才是培养液实际的 OD 值。

（二）温度对微生物的影响

1. 将配置好的牛肉膏蛋白胨培养液装瓶，每瓶 100mL。高压蒸汽灭菌，121℃ 20min。

2. 按照无菌操作，在 6 瓶培养液中分别接入大肠杆菌。

3. 分别设定 3 台恒温摇床的培养温度为 10℃、37℃、60℃，每两瓶培养液为一组，分别放入 3 台摇床中，120r/min 恒温培养 48h。

4. 测定生长量：将未接种的肉膏蛋白胨培养基倾倒入比色杯中，选用 600nm 波长分光光度计上调节零点，作为空白对照。对 48h 培养液测定其 OD 值。对浓度大的菌悬液用未接种的牛肉膏蛋白胨液体培养基适当稀释后测定，使其 OD 值在 0.10~0.65 以内，经稀释后测得的 OD 值要乘以稀释倍数，才是培养液实际的 OD 值。

（三）渗透压对微生物的影响

1. 将牛肉膏蛋白胨培养液配方中的 NaCl 的含量分别调整为 2%、10%、20%、30%、40%。每种 NaCl 含量配置 2 瓶，每瓶 100mL。高压蒸汽灭菌，121℃、20min。

2. 取同一 NaCl 含量的培养液，按照无菌操作，分别接入大肠杆菌，120r/min，37℃恒温摇床培养 48h。

3. 测定生长量：将未接种的肉膏蛋白胨培养基倾倒入比色杯中，选用 600nm 波长分光光度计上调节零点，作为空白对照。对 48h 培养液测定其 OD 值。对浓度大的菌悬液用未接种的牛肉膏蛋白胨液体培养基适当稀释后测定，使其 OD 值在 0.10~0.65 以内，经稀释后测得的 OD 值要乘以稀释倍数，才是培养液实际的 OD 值。

（四）化学药剂对微生物的影响（滤纸片法）

1. 菌液准备：以无菌操作将大肠杆菌接种至装有 5mL 牛肉膏蛋白胨液体培养基的试管中，37℃恒温培养 48h。

2. 倒平板：将牛肉膏蛋白胨琼脂培养基熔化后倒平板，注意平皿中培养基厚度均匀，倒 3 套平板。

3. 涂平板：无菌操作吸取 0.2mL 金黄色葡萄球菌菌液加入上述平板，用无菌的三角涂棒涂布均匀。

4. 标记：在平板皿底用记号笔分成 3 等分，分别标明每种消毒剂名称。

5. 贴滤纸片：无菌操作，用镊子取无菌滤纸片分别浸入各种消毒剂（2.5%碘酒、1%来苏尔、5%石炭酸），在容器内壁沥去多余液体，再将滤纸片分别贴在平板上相应位置，在平板中央贴上仅有无菌生理盐水的滤纸片作为对照。注意不要在培养基表面拖动滤纸片。

6. 培养和观察：将上述平板倒置于 37℃保温培养 1d，观察并记录抑（杀）菌圈大小。

五、实验报告

(一) 实验结果

1. 将 pH 值对微生物生物量 (OD_{600}) 的影响填入下表。

pH	3	5	7	9	11
吸光度(OD_{600})					

2. 将温度对微生物生物量 (OD_{600}) 的影响填入下表。

温度	10℃	37℃	60℃
吸光度(OD_{600})			

3. 将渗透压对微生物生物量 (OD_{600}) 的影响填入下表。

渗透压(NaCl 含量)	2%	10%	20%	30%	40%
吸光度(OD_{600})					

4. 化学药剂对微生物致死能力　观察并记录抑菌圈的大小并填入下表。

药剂	2.5%碘酒	1%来苏尔	5%石炭酸
抑菌圈直径(mm)			

(二) 思考题

化学药剂对微生物所形成的抑菌圈未长菌部分是否说明微生物细胞已经杀死?

实验三十一　水体中细菌总数 CFU 的测定

一、实验目的

1. 学会细菌菌落总数的测定。
2. 了解水质与细菌数量之间的相关性。

二、实验原理

水中细菌菌落总数可作为判定被检水样 (或其他样品) 被有机物污染程度的标志。细菌数量越多, 则水中有机质含量越高。在水质卫生学检验中, 细菌菌落总数 (Colony Form Unit, 简写为 CFU) 是指 1mL 水样在牛肉膏蛋白胨琼脂培养基中经 37℃、24h 培养后生长出的细菌菌落总数。中国现行生活饮用水卫生标准 (GB 5749—85) 规定: 1mL 自来水中细菌菌落总数不得超过 100 个。

三、仪器和材料

(一) 实验材料

自来水、河水或湖水等。

（二）培养基/试剂

牛肉膏蛋白胨培养基。

（三）实验器材

高压蒸汽灭菌器、培养皿、锥形瓶、烧杯、量筒、培养箱、移液管等。

四、实验步骤

（一）水样的采集与处理

1. 自来水

先将水龙头用火焰灼烧 3min 灭菌，然后再放水 5~10min 后用无菌瓶取样。

2. 河水、湖水等水样

用特制的采样瓶或采样器，一般在距水面 10~15cm 的水层打开瓶塞取样，盖上盖子后再从水中取出，速送实验室检测。如果在实验的一些反应器或实验装置中需要取样测细菌总数，可参考以上取样方法。

3. 水样的处置

采集的水样，一般较清洁的水可在 12h 内测定，污水则必须在 6h 内测定完毕。若无法在规定时间内完成，应将水样放在 4℃ 冰箱存放，若无低温保藏条件，应在报告中注明水样采集与测定的间隔时间。经加氯处理过的水中含余氯，会影响测定结果。采样瓶在灭菌前加入硫代硫酸钠，可消除氯的作用。硫代硫酸钠的用量视水样量而定，若用 500mL 的取样瓶，加入 1.5% 的硫代硫酸钠溶液 1.5mL，可消除余氯量为 2mg/L 的 450mL 水样中的全部氯量。

（二）水样的测定

1. 自来水等洁净水

此类水的细菌菌落总数通常不会超过 100 个/mL，故可直接（不用稀释）用移液管吸取 1mL 水样至无菌的培养皿中（每个水样重复 3 个培养皿），倒入培养基后 37℃ 培养箱倒置培养 24h。

2. 河水、湖水或其他受污染的样品（包括实验装置等）

细菌菌落在每个培养皿上的数量一般控制在 30~300 个之间，对于有机物含量较高的水样，一般均超出此范围，所以以水样需稀释后再测定，稀释倍数视水样污染程度而定。操作步骤与细菌的纯种分离和培养实验中的"浇注平板法"相同。

实际上，细菌菌落总数的测定被广泛应用于食品等行业，饮食店的餐具、橱具等以及饮用水、各种饮料等食品，还有化妆品等，都有相应行业或企业的细菌菌落总数的标准，有关部门经常抽检，一旦发现检测结果超标，就必须采取整改措施以达到各类指标，情况严重的必须停业整顿，并通过媒体曝光，利用舆论压力让不合格的产品淘汰出局，规范市场。在检测中，虽然样品的来源或状态不同，但其测定方法基本相同。对有些固形物（固废、土壤等）样品来说，一般换算成每克样品中的菌落总数；还有比较特殊的样品可以用面积来折算。

（1）稀释水样。取 3 个灭菌空试管，分别加入 9mL 灭菌水。取 1mL 水样注入第一管 9mL 灭菌水内、摇匀，再自第一管取 1mL 至下一管灭菌水内，如此稀释到第三管，稀释度分别为 10^{-1}、10^{-2} 与 10^{-3}。稀释倍数看水样污浊程度而定，以培养后平板的菌落数在 30~

300 个之间的稀释度最为合适，若三个稀释度的菌数均多到无法计数或少到无法计数，则需继续稀释或减小稀释倍数。一般中等污秽水样，取 10^{-1}、10^{-2}、10^{-3} 3 个连续稀释度，污秽严重的取 10^{-2}、10^{-3}、10^{-4} 三个连续稀释度。

（2）自最后三个稀释度的试管中各取 1mL 稀释水加入空的灭菌培养皿中，每一稀释度做 2 个培养皿。

（3）各倾注 15mL 已溶化并冷却至 45℃ 左右的肉膏蛋白胨琼脂培养基，立即放在桌上摇匀。

（4）凝固后倒置于 37℃ 培养箱中培养 24h。

（三）菌落计数方法

先计算相同稀释度的平均菌落数。若其中一个平板有较大片状菌苔生长时，则不应采用，而应以无片状菌苔生长的平板作为该稀释度的平均菌落数。若片状菌苔的大小不到平板的 1/2，而其余的 1/2 菌落分布又很均匀时，则可将此 1/2 的菌落数乘 2 以代表全平板的菌落数，然后再计算该稀释度的平均菌落数。

计算菌落总数方法举例　　　　　　　　　　表 7-1

例次	不同稀释度的平均菌落数			两个稀释度菌落数之比	菌落总数（个/mL）	备注
	10^{-1}	10^{-2}	10^{-3}			
1	1365	164	20	—	16400 或 $1.6×10^4$	
2	2760	295	46	1.6	37750 或 $3.8×10^4$	
3	2890	271	60	2.2	27100 或 $2.7×10^4$	两位以后的数字采取四舍五入的方法去掉
4	无法计数	1650	513	—	513000 或 $5.1×10^5$	
5	27	11	5	—	270 或 $2.7×10^2$	
6	无法计数	305	12	—	30500 或 $3.1×10^4$	

首先选择平均菌落数在 30~300 之间的，当只有一个稀释度的平均菌落数符合此范围时，则以该平均菌落数乘其稀释倍数即为该水样的细菌总数（见表 7-1，例 1）。

若有 2 个稀释度的平均菌落数均在 30~300 之间的，则按两者菌落总数之比值来决定。若其比值<2，应采取两者的平均数，若>2，则取其中较小的菌落总数（见表 7-1，例 2 及例 3）。

若所有稀释度的平均菌落数均大于 300，则应按稀释度最高的平均菌落数乘以稀释倍数（见表 7-1，例 4）。

若所有稀释度的平均菌落数均小于 30，则应按稀释度最低的平均菌落数乘以稀释倍数（见表 7-1，例 5）。

若所有稀释度的平均菌落数均不在 30~300 之间，则以最近 300 或 30 的平均菌落数乘以稀释倍数（见表 7-1，例 6）。

五、实验报告

（一）结果记录

细菌菌落总数计算通常采用同一浓度的 2 个平板（或 3 个）的平均值，再乘以稀释倍数（或除以稀释度），即得 1mL（或 1g）水样中的细菌菌落总数，将结果填入下表。

各种不同情况的计算方式如下：

（1）首先选择菌落数在30~300之间的培养皿（指一个培养皿）进行计数，当只有一个稀释度符合此范围时，则以该平均菌落数乘以稀释倍数即可。

（2）当有两个稀释度符合此范围时，则按两者菌落总数之比值计算，若其比值<2，应取两者的平均值；若其比值>2，则取较小的菌落总数。

（3）若所有稀释度的菌落数均大于300或均小于30，则应取最接近该值的平板计数。

（4）若在同一稀释度的两个平板中，其中一个平板中有较大片状菌苔生长，则该平板的数据不予采用，而应以无片状菌苔生长的平板来计数。若片状菌苔的大小不到平板的1/2，而其余1/2菌落分布又很均匀，则可将此1/2的菌落数乘以2来表示整个平板的菌落数来计数。

自来水细菌总数

平　板	菌　落　数	1mL自来水中细菌总数
1		
2		

池水、河水或湖水等细菌总数

稀释度	10^{-1}		10^{-2}		10^{-3}	
平　板	1	2	1	2	1	2
菌　落　数						
平均菌落数						
计算方法						
细菌总数/mL						

（二）思考题

（1）从自来水的细菌总数结果来看，是否合乎饮用水的标准？

（2）你所测的水源水的污秽程度如何？

（3）国家对自来水的细菌总数有一标准，那么各地能否自行设计其测定条件（诸如培养温度，培养时间等）来测定水样总数呢？为什么？

实验三十二　水中大肠菌群的测定

一、实验目的

1. 了解大肠菌群的数量指标在环境领域的重要性。
2. 学会大肠菌群的测定方法。

二、实验原理

大肠菌群是一群需氧或兼性厌氧的、在37℃培养24~48h能发酵乳糖产酸产气的革兰氏阴性无芽孢杆菌。它们普遍存在于肠道中，具有数量多、与多数肠道病原菌存活期相近、易于培养和观察等特点。该菌群包括肠道杆菌科中的埃希氏菌属、肠杆菌属、柠檬酸细菌属和克雷伯氏菌属。大肠菌群数是指每升水中含有的大肠菌群的近似值。通常可根据水中大肠菌群的数量判断水源是否被粪便污染，并可间接推测水源受肠道病原菌污染的可能性。

中国现行生活饮用水卫生标准（GB 5749—85）规定：1L 自来水中大肠菌群数不得超过 3 个。对于那些只经过加氯消毒即作生活饮用水的水源水，其大肠菌群数平均每升不得超过 1000 个；经过净化处理及加氯消毒后供作生活饮用水的水源水，其大肠菌群数平均每升不得超过 10000 个。

大肠菌群的检测方法主要有多管发酵法和滤膜法。前者被称为水的标准分析法，即将一定量的样品接种到乳糖发酵管，根据发酵反应的结果，确证大肠菌群的阳性管数后在检索表中查出大肠菌群的近似值。后者是一种快速的替代方法，能测定大体积的水样，但只局限于饮用水或较洁净的水，目前在一些大城市的水厂常采用此法。

三、仪器和材料

（一）实验材料
自来水或再生水。

（二）培养基/试剂
1. 乳糖蛋白胨培养基

蛋白胨 1.0g，牛肉膏 0.3g，乳糖 0.5g，NaCl 0.5g，1.6%溴甲酚紫乙醇溶液 0.1mL，水 100mL，pH 7.2~7.4。

按上述配方配置成溶液后（溴甲酚紫乙醇溶液调 pH 后再加），分装于含有一倒置杜氏小管的试管中，每支 10mL。115℃（相对蒸汽压力 0.072MPa）灭菌 20min。

2.3 倍浓度的乳糖蛋白胨培养基

按配方（1）3 倍的浓度配制成溶液后分装，大发酵管每管装 50mL，小发酵管每管装 5mL，管内均有一倒置杜氏小管。灭菌条件同上。

3. 伊红美蓝培养基（EMB 培养基）

蛋白胨 1.0g，K_2HPO_4 0.2g，乳糖 1.0g，琼脂 2.0g，2%伊红水溶液 20mL，0.65%美蓝溶液 10mL，水 100mL，pH 7.1。

配制过程中，先调 pH 再加伊红美蓝溶液。将上述溶液分装于锥形瓶，每瓶 150~200mL，灭菌条件同上。

（三）实验器材
高压蒸汽灭菌器、培养皿、锥形瓶、烧杯、试管、量筒、药物天平、培养箱、水浴锅、移液管、铁架、表面皿、细菌过滤器、滤膜、抽滤设备、pH 试纸和棉花等。

四、实验步骤

（一）多管发酵法（MPN 法）
1. 检测步骤（以自来水为例）
（1）初发酵试验

在 2 个装有 50mL 3 倍浓缩的乳糖蛋白胨溶液的锥形瓶中，各加入 100mL 水样；在

10 支各装有 5mL 3 倍浓缩的乳糖蛋白胨溶液的试管中，各加入 10mL 水样。混匀后 37℃ 培养 24h，观察其产酸产气情况。若 24h 未产酸产气，可继续培养至 48h，记下试验初步结果。

（2）确定性试验

用平板分离，将 24h 或 48h 培养后产酸产气或仅产酸的试管中的菌液分别划线接种于伊红美蓝琼脂平板上，于 37℃ 培养 24h，将出现以下三种特征的菌落进行涂片、革兰氏染色和镜检：

① 深紫黑色，具有金属光泽；

② 紫黑色，不带或略带金属光泽；

③ 淡紫红色，中心颜色较深。

④ 复发酵试验

选择具有上述特征的菌落，经涂片、染色和镜检后，若为革兰氏阴性无芽孢杆菌，则用接种环挑取此菌落的一部分转接至乳糖蛋白胨培养液的试管中，于 37℃ 培养 24h 后，观察试验结果，若产酸产气即证实有大肠菌群存在。

根据证实有大肠菌群存在的阳性管数查表。如果被测水样（或其他样品）中大肠菌群的量比较多，则水样必须稀释以后才能测，其余步骤与测自来水基本相同。可查相应的检数表得出结果。

（二）滤膜法（以自来水为例）

1. 培养基、滤膜

（1）乳糖蛋白胨培养基和伊红美蓝培养基（EMB 培养基）：同多管发酵法。

（2）乳糖蛋白胨半固体培养基：蛋白胨 1.0g，牛肉膏 0.5g，乳糖 1.0g，酵母浸膏 0.5g，1.6% 溴甲酚紫乙醇溶液 0.1mL，琼脂 0.5g，水 100mL，pH＝7.2~7.4。

（3）滤膜孔径为 0.45μm 的滤膜置于水浴中煮沸灭菌（间歇灭菌）3 次，每次 15min。

2. 实验步骤

（1）倒培养基：用伊红美蓝培养基倒，冷却后待用。

（2）过滤水样：用无菌镊子将灭过菌的滤膜移至过滤器中，然后加 333mL 水样至滤器抽气过滤，待水样滤完后再抽气 5s 即可。

（3）将滤膜转移至平板：滤膜截留细菌面向上，用无菌镊子将滤膜转移至上述已倒好的平板，使滤膜紧贴培养基表面。

（4）培养：于 37℃ 培养箱培养 24h。

（5）观察结果：将具有大肠菌群菌落特征、经革兰氏染色呈阴性、无芽孢的菌体（落）接种到乳糖蛋白胨培养基或乳糖蛋白胨半固体培养基（穿刺接种），经 37℃ 培养箱培养，前者于 24h 产酸产气者或后者经培养 6~8h 后产气者，则判定为阳性。

（6）结果计算：将被判为阳性的总菌落数乘以 3，即得每升水中的大肠菌群数。

大肠菌群检验表（MPN 法）见表 7-2，表 7-3，表 7-4 和表 7-5。

大肠菌群的最大可能数（MPN 法）／（个/100mL）　　　　　　　表 7-2

出现阳性份数			每 100mL 水样中最大可能数	95%可信限值		出现阳性份数			每 100mL 水样中最大可能数	95%可信限值	
10mL	1mL	0.1mL		下限	上限	10mL	1mL	0.1mL		下限	上限
0	0	0	<2			4	2	1	26	9	78
0	0	1	2	<0.5	7	4	3	0	27	9	80
0	1	0	2	<0.5	7	4	3	1	33	11	93
0	2	0	4	<0.5	11	4	4	0	34	12	93
1	0	0	2	<0.5	7	5	0	0	23	7	70
1	0	1	4	<0.5	11	5	0	1	34	11	89
1	1	0	4	<0.5	11	5	0	2	43	15	110
1	1	1	6	<0.5	15	5	1	0	33	11	93
1	2	0	6	<0.5	15	5	1	1	46	16	120
2	0	0	5	<0.5	13	5	1	2	63	21	150
2	0	1	7	1	17	5	2	0	49	17	130
2	1	0	7	1	17	5	2	1	70	23	170
2	1	1	9	2	21	5	2	2	94	28	220
2	2	0	9	2	21	5	3	0	79	25	190
2	3	0	12	3	28	5	3	1	110	31	250
3	0	0	8	1	19	5	3	2	140	37	310
3	0	1	11	2	25	5	3	3	180	44	500
3	1	0	11	2	25	5	4	0	130	35	300
3	1	1	14	4	34	5	4	1	170	43	190
3	2	0	14	4	34	5	4	2	220	57	700
3	2	1	17	5	46	5	4	3	280	90	850
3	3	0	17	5	46	5	4	4	350	120	1000
4	0	0	13	3	31	5	5	0	240	68	750
4	0	1	17	5	46	5	5	1	350	120	1000
4	1	0	17	5	46	5	5	2	540	180	1400
4	1	1	21	7	63	5	5	3	920	300	3200
4	1	2	26	9	78	5	5	4	1600	640	5800
4	2	0	22	7	67	5	5	5	≥1600		

注：水样总量 55.5mL（5 管 10mL，5 管 1mL，5 管 0.1mL）。

大肠菌群检验表（个/L）　　　　　　　　　　　表 7-3

10mL 水量的阳性管数	100mL 水量的阳性管数			10mL 水量的阳性管数	100mL 水量的阳性管数		
	0	1	2		0	1	2
0	<3	4	11	6	22	36	92
1	3	8	18	7	27	43	120
2	7	13	27	8	31	51	161
3	11	18	38	9	36	60	230
4	14	24	52	10	40	69	>230
5	18	30	70				

注：水样总量 300mL（两份 100mL，十份 10mL），此表用于测定生活饮用水。

大肠菌群检验表（个/L）　　　　　　　　　　　表 7-4

100	10	1	0.1	水中大肠菌群数（L）	100	10	1	0.1	水中大肠菌群数（L）
−	−	−	−	<9	−	+	+	+	28
−	−	−	+	9	+	−	−	+	92
−	−	+	−	9	+	−	+	−	94
−	+	−	−	9.5	+	−	+	+	180
−	−	+	+	18	+	+	−	−	230
−	+	−	+	19	+	+	−	+	960
−	+	+	−	22	+	+	+	−	2380
+	−	−	−	23	+	+	+	+	>2380

注：水样总量 111.1mL（100mL，10mL，1mL，0.1mL），+表示有大肠菌群，−表示无大肠菌群。

大肠菌群检验表（个/L）　　　　　　　　　　　表 7-5

10	1	0.1	0.01	水中大肠菌群数（L）	10	1	0.1	0.01	水中大肠菌群数（L）
−	−	−	−	<90	−	+	+	+	280
−	−	−	+	90	+	−	−	+	920
−	−	+	−	90	+	−	+	−	940
−	+	−	−	95	+	−	+	+	1800
−	−	+	+	180	+	+	−	−	2300
−	+	−	+	190	+	+	−	+	9600
−	+	+	−	220	+	+	+	−	23800
+	−	−	−	230	+	+	+	+	>23800

注：水样总量 11.11mL（10mL，1mL，0.1mL，0.01mL），+表示有大肠菌群，−表示无大肠菌群。

五、实验报告

（一）实验结果

（1）描述滤膜上的大肠杆菌菌落的外观。

（2）滤膜上的大肠菌群菌落数＿＿＿＿＿个；1L 水样中的大肠杆菌群数＿＿＿＿＿个。

（二）思考题

（1）测定水中大肠杆菌数有什么实际意义？为什么选用大肠杆菌作为水的卫生指标？

（2）根据我国饮用水水质标准，讨论你这次检验结果。

实验三十三　富营养化湖泊中藻量的测定

一、实验目的

通过测定不同水体中藻类叶绿素 a 浓度，考查其富营养化情况。

二、实验原理

富营养化湖由于水体受到污染，尤以氮磷为甚，致使其中的藻类旺盛生长。此类水体中代表藻类的叶绿素 a 浓度常大于 $10\mu g/L$。采用叶绿素 a 法，根据藻类叶绿素 a 具有其独特的吸收光谱（663nm），用分光光度法测其含量，以此来评价被测水样的富营养化程度。

三、仪器与材料

（一）实验材料

两种不同污染程度的湖水水样各 2L。

（二）培养基/试剂

1% $MgCO_3$ 悬液、90%的丙酮水溶液。

（三）实验器材

分光光度计、比色杯（1cm，4cm）、台式离心机、离心管（15mL 具刻度和塞子）、蔡氏滤器、滤膜（0.45μm，直径 47mm）、真空泵、冰箱、匀浆器或小研钵。

四、实验步骤

（一）清洗玻璃仪器

整个实验中所使用的玻璃仪器应全部用洗涤剂清洗干净，尤其应避免酸性条件下而引起的叶绿素 a 分解。

（二）过滤水样

在蔡氏滤器上装好滤膜，每种测定水样取 50~500mL 减压过滤。待水样剩余若干毫升之前加入 0.2mL $MgCO_3$ 悬液、摇匀直至抽干水样。加入 $MgCO_3$ 可增进藻细胞滞留在滤膜上，同时还可防止提取过程中叶绿素 a 被分解。如过滤后的载藻滤膜不能马上进行提取处理，应将其置于干燥器内，放冷（4℃）暗处保存，放置时间最多不能超过 48h。

（三）提取

将滤膜放于匀浆器或小研钵内，加 2~3mL 90%的丙酮溶液，匀浆，以破碎藻细胞。然后用移液管将匀浆液移入刻度离心管中，用 5mL 90%丙酮冲洗 2 次，最后向离心管中补加 90%丙酮，使管内总体积为 10mL。塞紧塞子并在管子外部罩上遮光物，充分振荡，放冰箱避光提取 18~24h。

（四）离心

提取完毕后，置离心管于台式离心机上 3500r/min，离心 10min，取出离心管，用移液管将上清液移入刻度离心管中，塞上塞子，3500r/min 再离心 10min。正确记录提取液的体积。

（五）测定光密度

藻类叶绿素 a 具有其独特的吸收光谱（663nm），因此可以用分光光度法测其含量。用移液管将提取液移入 1cm 比色杯中，以 90% 的丙酮溶液作为空白，分别在 750nm、663nm、645nm、630nm 波长下测提取液的光密度值（OD）。注意：样品提取的 OD_{663} 值要求在 0.2 与 1.0 之间，如不在此范围内，应调换比色杯，或改变过滤水样量。$OD_{663} < 0.2$ 时，应该用较宽的比色杯或增加水样量；$OD_{663} > 1.0$ 时，可稀释提取液或减少水样滤过量，使用 1cm 比色杯比色。

（六）叶绿素 a 浓度计算

将样品提取液在 663、645、630nm 波长下的光密度值（OD_{663}、OD_{645}、OD_{630}）分别减去在 750nm 下的光密度值（OD_{750}），此值为非选择性本底物光吸收校正值。叶绿素 a 浓度计算公式如下：

（1）样品提取液中的叶绿素 a 浓度 Ca 为：

$$Ca(\mu g/L) = 11.64(OD_{663} - OD_{750}) - 2.16(OD_{645} - OD_{750}) + 0.1(OD_{630} - OD_{750})$$

（2）水样中叶绿素 a 浓度为：

$$叶绿素\ a(\mu g/L) = C_a \times V_{丙酮} / V_{水样} \times L \tag{7-1}$$

C_a——样品提取液中叶绿素 a 浓度（$\mu g/L$）；

$V_{丙酮}$——90% 丙酮提取液体积（mL）；

$V_{水样}$——过滤水样的体积（L）；

L——比色杯宽度（cm）。

被测水样的叶绿素 a 评价标准见表 7-6。

湖泊富营养化的叶绿素 a 评价标准　　　　　　　　　　　　表 7-6

指　标 ＼ 类　型	贫营养型	中营养型	富营养型
叶绿素 a($\mu g/L$)	<4	4~10	10~150

五、实验报告

（一）结果记录

将测定结果记录于下表中，根据测定结果，参照表 7-6 中指标评价被测水样的富营养化程度。

藻类叶绿素测定结果

水样	OD_{750}	OD_{663}	OD_{645}	OD_{630}	叶绿素 a($\mu g/L$)
A 湖水					
B 湖水					

（二）思考题

如何保证水样叶绿素 a 浓度测定结果的准确性？主要应注意哪几个方面的问题？

实验三十四　空气中微生物的检测

一、实验目的

1. 通过实验了解不同环境条件下空气中微生物的分布状况。
2. 学习并掌握检测和计数空气中微生物的基本方法。

二、实验原理

空气是人类赖以生存的必须环境，也是微生物借以扩散的媒介。空气中存在着细菌、真菌、病毒、放线菌等多种微生物粒子，这些微生物粒子是空气污染物的重要组成部分。空气微生物主要来自于地面及设施、人和动物的呼吸道、皮肤和毛发等，它附着在空气气溶胶细小颗粒物表面，可较长时间停留在空气中。某些微生物还可以随着空气中细小颗粒穿过人体肺部留在肺的深处，给身体健康带来严重危害，也可以随着空气中细小颗粒物被输送到较远地区，给人体带来许多传染性的疾病和上呼吸道疾病。因此，空气微生物含量多少可以反映所在区域的空气质量，是空气环境污染的一个重要参数。评价空气的清洁程度，需要测定空气中的微生物数量和空气污染微生物。

在本次实验中测量空气中微生物含量，主要运用了过滤法和落菌法，测定的细菌指标为细菌总数。过滤法通过抽滤装置将单位体积的空气抽入到一定量的无菌水中，定量吸取该水样在固体培养基上培养24h，按照菌落数计算每L空气中细菌的数目。落菌法通过对单位时间自然飘落在培养基平板的细菌长出的菌落进行计数，计算空气中细菌的数目。

三、仪器与材料

（一）培养基/试剂

肉汤蛋白胨培养基、查氏培养基、高氏1号培养基。

（二）实验器材

采样器、恒温培养箱、培养皿、吸管、盛有200mL无菌水的塑料瓶（500mL）5个、盛有10L水的塑料桶（15L）5个。

四、实验步骤

（一）过滤法

1. 准备过滤装置

按图7-1安装空气采样器，用过滤法检查一定体积的空气中所含细菌（或其他微生物）的数量。

2. 放置空气采样器

按图7-2所示，将5套空气采样器分放在5个点上。

3. 采样

打开塑料桶的水阀，使水缓缓流出，这时外界的空气被吸入，经喇叭口进入盛有200mL无菌水的塑料瓶（采样器）中，至10L水流完后，则10L体积空气中的微生物被截留在200mL水中。

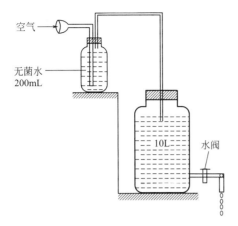

图 7-1　过滤法测定空气微生物

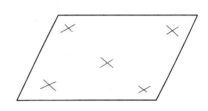

图 7-2　测定空气中微生物的 5 点采样法

4. 测过滤液细菌数

将 5 个塑料瓶的过滤液充分摇匀，分别从中各吸 1mL 过滤液于无菌培养皿中（平行做 3 个皿），然后加入已融化且冷至 45℃ 的肉汤蛋白胨琼脂培养基，摇匀，凝固后置于 37℃ 的恒温培养箱培养。

5. 计数

培养 24h 后，按平板上长出的菌落数，计算出每升空气中细菌（或其他微生物）的数目。先按下式分别求出每套采样器的细菌数，再求 5 套采样器细菌数的平均值，如式（7-2）所示。

$$每 1L 空气中的细菌数 =（1mL 水中培养所得菌数 \times 200）/10 \qquad (7-2)$$

（二）落菌法

1. 倒培养基

将肉汤蛋白胨琼脂培养基、查氏琼脂培养基、高氏 1 号琼脂培养基融化后，各倒 15 个平板，冷凝。

2. 采样

在一定面积的房间内，按图 7-2 中 5 点所示，每种培养基每个点放 3 个平板，打开盖子，放置 30min 或 60min 后盖上盖子。

3. 培养

培养细菌（肉汤蛋白胨琼脂培养基）的培养皿，置于 37℃ 恒温培养箱培养 24~48h；培养霉菌（查氏琼脂培养基）和放线菌（高氏 1 号琼脂培养基）的培养皿，置于 28℃ 恒温培养箱培养 24~48h。

4. 观察结果与计算

培养结束，观察各种微生物的菌落形态、颜色、计它们的菌落数。

五、实验报告

（一）实验结果

将空气中微生物种类的数量记录在下表中。

空气中微生物的测定结果

环境	菌落数	细菌	霉菌	放线菌
室内	30min			
室外	60min			

根据结果，计算室内和室外每升空气中的细菌、霉菌及放线菌数目。

（二）思考题

（1）在空气中微生物的测定中，应从哪几方面确定采样点？

（2）试分析落菌法的优缺点。

实验三十五　发光细菌的生物毒性检测

一、实验目的

1. 了解发光细菌法进行生物毒性检测的原理。

2. 学习发光细菌的生物毒性检测方法。

二、实验原理

发光细菌作为毒性检测的生物学方法，因其快速、简便、灵敏、可靠，近年来已经广泛应用于化学物质、污水、土壤和沉积物等的毒性评价。在正常生活状态下，发光细菌体内的荧光素，经荧光酶作用会产生荧光，因种属不同，其最大发光峰值有所差异，基本在475~490nm之间。当受到外界因素影响（如化合物的毒性作用）时，细菌菌体发光减弱，并且发光强度与污染物浓度在一定范围内呈显著负相关。故可以通过生物发光光度计检测测试水样中发光细菌的相对发光度，指示毒性物质所在环境的急性毒性。水质急性毒性水平可以选用 EC_{50} 值来表征，EC_{50} 是指毒性物质对发光细菌作用后，发光强度下降为对照组的50%时（相对发光强度为50%或抑光率达到50%时）的毒性物质浓度。

三、实验材料

（一）实验材料

淡水发光细菌青海弧菌 Q67（*Vibrio-qinghaiensis*. sp-Q67）冻干粉剂。

（二）培养基/试剂

氯化钠、乳糖、苯酚。

（三）仪器设备

生物发光光度计、移液器（最大量程分别为 100μL，1000μL，5000μL）、容量瓶（50mL，100mL，1000mL）、旋涡混合器。

四、实验步骤

（一）冻干粉的复苏

取发光细菌冷冻干燥制剂瓶（含1g冻干粉）1支，加入1mL复苏液（0.8%的氯化钠），室温下置于旋涡混合器上使之充分混匀、溶化，使细菌复苏，约 15min 后在暗室中用肉眼应该观察到绿色荧光。若无绿色荧光，则不能使用。将该菌液倒入干净试管中备用。

（二）苯酚溶液的配置

称取 100mg 苯酚溶解于 100mL 乳糖溶液中（乳糖浓度 10%），配置浓度为 1000mg/L 的苯酚母液。取 1.0mL，2.0mL，4.0mL，5.0mL，6.0mL，8.0mL，10.0mL，12.5mL，15mL 苯酚母液分别加入 50mL 的容量瓶中，然后以 10% 乳糖溶液定容。配置完成后应立即进行发光测定。

（三）苯酚毒性水平检测

将每个浓度的苯酚液体设立 3 个平行样，分别加入测量杯中，每个加入量为 1mL 或 2mL，10% 乳糖溶液作为空白对照。逐个分别加入复苏后的发光细菌悬液 50μL 或 100μL，轻轻振荡，使之充分混匀，放置 15min 使样品中苯酚与发光细菌充分作用。然后通过生物发光光度计检测溶液中发光细菌的发光强度。

五、实验报告

（一）实验结果

将实验结果填入下表并计算相对发光强度（L）和抑制光率（I）。

加入苯酚母液(mL)	空白对照	1.0	2.0	4.0	5.0	6.0	8.0	10.0	12.5	15
定容后浓度(mg/L)										
发光强度										

相对发光强度（L）和抑制光率（I）的计算公式见式（7-3）、式（7-4）：

$$相对发光强度（\%）= \frac{样品发光强度}{对照发光强度} \times 100\% \tag{7-3}$$

$$折光率（\%）= \frac{对照发光强度 - 样品发光强度}{对照发光强度} \times 100\% \tag{7-4}$$

通过 excel 软件绘图，将溶液浓度与发光强度平均值进行线性回归，用直线内插法求得相对发光强度为 50% 时所对应的溶液浓度，即为 EC_{50} 值（mg/L）。

（二）思考题

（1）此次实验测定的苯酚溶液的 EC_{50} 值是多少？

（2）EC_{50} 值和水质急性毒性水平有何关系？

实验三十六　　BOD_5 的测定

一、实验目的

1. 理解 BOD_5 的测定原理及测定意义。

2. 学习 BOD_5 的测定方法。

二、实验原理

BOD（生化需氧量，biochemical oxygen deman）是一种用微生物代谢作用所消耗的溶解氧量来间接表示水体被有机物污染程度的一个重要指标，主要用于监测水体中有机物的污染状况。BOD 的测定在 20℃ 条件下（氧充足、不搅动），一般有机物在微生物的作用下，20d 才能够基本完成在第一阶段的氧化分解过程。也就是说，测定第一阶段的生化需氧量，需要 20d，这在实际工作中是难以做到的。目前国内外普遍以 5 日作为测定 BOD 的标准时间，即在 20℃ 条件下培养 5d 好氧微生物氧化分解单位体积水中有机物所消耗的游离氧的数量，因而称之为五日生化需氧量（BOD_5，determination of biochemical oxygen demand after 5 days），表示单位为氧的毫克/升（O_2，mg/L）。

BOD_5 是水体环境评估中必须要检测的一个重要指标，国家标准 GB 7488—87 规定采用稀释与接种法作为测定 BOD_5 的标准方法。稀释法测定 BOD_5 是将水样适当稀释后，使其中含有充足的溶解氧供微生物 5 日生化作用所需，然后分别测定培养前后水样中溶解氧的质量浓度，培养前后溶解氧的质量浓度之差即为 BOD_5。

若水体 BOD_5 值较高，则表示样品中的有机物含量较多，水体污染较重。BOD_5 的质量浓度大于 6mg/L，样品需适当稀释后测定；对不含或含微生物少的工业废水，如酸性废水、碱性废水、高温废水、冷冻保存的废水或经过氯化处理等的废水，在测定 BOD_5 时应进行接种，以引进能分解废水中有机物的微生物。当废水中存在难以被一般生活污水中的微生物以正常的速度降解的有机物或含有剧毒物质时，应将驯化后的微生物引入水样中进行接种。

三、实验材料

（一）试剂材料

1. 接种液

可按以下方法获得：

（1）生活污水：要求化学需氧量不大于 300mg/L，总有机碳不大于 100mg/L。

（2）含有城镇污水的河水或湖水。

（3）污水处理厂的出水。

（4）分析含有难降解物质的工业废水时，在其排污口下游适当处取水样作为废水的驯化接种液。也可取中和或经适当稀释后的废水进行连续曝气，每天加入少量该种废水，同时加入少量生活污水，使适应该种废水的微生物大量繁殖。当水中出现大量的絮状物时，表明微生物已繁殖，可用作接种液。一般驯化过程需 3~8d。

2. 盐溶液

（1）磷酸盐缓冲溶液：将 8.5g 磷酸二氢钾（KH_2PO_4）、21.8g 磷酸氢二钾（K_2HPO_4）、33.4g 七水合磷酸氢二钠（$Na_2HPO_4 \cdot 7H_2O$）和 1.7g 氯化铵（NH_4Cl）溶于水中，稀释至 1000mL，此溶液在 0~4℃ 可稳定保存 6 个月。此溶液的 pH 值为 7.2。

（2）硫酸镁溶液：$\rho(MgSO_4)= 11.0g/L$：将 22.5g 七水合硫酸镁（$MgSO_4 \cdot 7H_2O$）溶于水中，稀释至 1000mL，此溶液在 0~4℃ 可稳定保存 6 个月，若发现任何沉淀或微生物生长应弃去。

（3）氯化钙溶液：$\rho(CaCl_2)=27.6g/L$：将27.6g无水氯化钙（$CaCl_2$）溶于水中，稀释至1000mL，此溶液在0~4℃可稳定保存6个月，若发现任何沉淀或微生物生长应弃去。

（4）氯化铁溶液：$\rho(FeCl_3)=0.15g/L$：将0.25g六水合氯化铁（$FeCl_3\cdot6H_2O$）溶于水中，稀释至1000mL，此溶液在0~4℃可稳定保存6个月，若发现任何沉淀或微生物生长应弃去。

3. 盐酸溶液

$c(HCl)=0.5mol/L$：将40mL浓盐酸（HCl）溶于水中，稀释至1000mL。

4. 氢氧化钠溶液

$c(NaOH)=0.5mol/L$：将20g氢氧化钠溶于水中，稀释至1000mL。

5. 亚硫酸钠溶液

$c(Na_2SO_3)=0.025mol/L$：将1.575g亚硫酸钠（Na_2SO_3）溶于水中，稀释至1000mL。此溶液不稳定，需现用现配。

6. 葡萄糖-谷氨酸标准溶液

将葡萄糖和谷氨酸在130℃干燥1h，各称取150mg溶于水中，在1000mL容量瓶中稀释至标线。此溶液的BOD_5为（210±20）mg/L，现用现配。该溶液也可少量冷冻保存，融化后立刻使用。

（二）实验器材

生化培养箱、溶解氧测定仪、小型曝气泵、250mL溶解氧瓶、移液管、虹吸管、量筒等。

四、实验步骤

（一）制备稀释水

在5~20L的玻璃瓶中加入一定量的水，控制水温在20±1℃，用曝气装置至少曝气1h，使稀释水中的溶解氧达到8mg/L以上。使用前每升水中加入上述4种盐溶液（磷酸盐缓冲溶液、硫酸镁溶液、氯化钙溶液、氯化铁溶液）各1.0mL，混匀，20℃保存。在曝气的过程中防止污染，特别是防止带入有机物、金属、氧化物或还原物。稀释水中氧的质量浓度不能过饱和，使用前需开口放置1h，且应在24h内使用。

（二）制备接种稀释水

根据接种液的来源不同，每升稀释水中加入适量接种液：城市生活污水和污水处理厂出水加1~10mL，河水或湖水加10~100mL，将接种稀释水存放在20±1℃的环境中，当天配制当天使用。接种稀释水的pH值为7.2，BOD_5应小于1.5mg/L。

（三）样品的前处理

若样品或稀释后样品pH值不在6~8范围内，应用0.5mol/L盐酸溶液或0.5mol/L氢氧化钠溶液，调节其pH值至6~8。若样品中含有少量余氯，一般在采样后放置1~2h，游离氯即可消失。对在短时间内不能消失的余氯，可加入适量亚硫酸钠溶液去除样品中存在的余氯和结合氯。含有大量颗粒物、需要较大稀释倍数的样品或经冷冻保存的样品，测定前均需将样品搅拌均匀。若样品中有大量藻类存在，当精度要求较高时，测定前应用滤孔为1.6μm的滤膜过滤。测定前待测试样的温度达到20±2℃，若样品中溶解氧浓度低，需要用曝气装置曝气15min，充分振摇赶走样品中残留的空气泡；若样品中氧过饱和，将容器 2/3 体积充满样品，用力振荡赶出过饱和氧。

（四）水样 BOD_5 测定

根据水样的具体情况，可分为非稀释法和稀释接种法两种。

1. 非稀释法

如样品中的有机物含量较少，BOD_5 的质量浓度不大于 6mg/L，且样品中有足够的微生物，用非稀释法测定。若样品中的有机物含量较少，BOD_5 的质量浓度不大于 6mg/L，但样品中无足够的微生物，如酸性废水、碱性废水、高温废水、冷冻保存的废水或经过氯化处理等的废水，采用非稀释接种法测定。具体步骤如下：

（1）非稀释法直接将待测水样以虹吸法转入 2 个溶解氧瓶中；而非稀释接种法，则先将每升试样中加入适量的接种液，然后以虹吸法转入 2 个溶解氧瓶中。将试样充满溶解氧瓶，让试样少量溢出，盖上瓶盖，防止样品中残留气泡。

（2）立即用溶解氧测定仪测定其中 1 瓶的溶解氧浓度，即为培养前试样中的溶解氧的质量浓度。

（3）将另一瓶盖上瓶盖，加上水封，在瓶盖外罩上一个密封罩，防止培养期间水封水蒸发干。然后放入恒温培养箱中 $(20\pm2)℃$ 培养 5d±4h。

（4）测定培养 5d 后的试样中溶解氧的质量浓度。

（5）非稀释接种法，每升稀释水中加入与试样中相同量的接种液作为空白试验。

2. 稀释接种法

若试样中的有机物含量较多，BOD_5 的质量浓度大于 6mg/L，且样品中有足够的微生物，采用稀释法测定。若试样中的有机物含量较多，BOD_5 的质量浓度大于 6mg/L，但试样中无足够的微生物，采用稀释接种法测定。

样品稀释的程度应使消耗的溶解氧质量浓度不小于 2mg/L，培养后样品中剩余溶解氧质量浓度不小于 2mg/L，且试样中剩余的溶解氧的质量浓度为开始浓度的 1/3 ~ 2/3 为最佳。

稀释倍数可根据样品的总有机碳（TOC）、高锰酸盐指数（I_{Mn}）或化学需氧量（COD_{Cr}）的测定值，按照表 7-7 列出的 BOD_5 与总有机碳（TOC）、高锰酸盐指数（I_{Mn}）或化学需氧量（COD_{Cr}）的比值 R 估计 BOD_5 的期望值（R 与样品的类型有关），再根据表 7-8 确定稀释因子。当不能准确地选择稀释倍数时，一个样品做 2~3 个不同的稀释倍数。

典型的比值 R 表 7-7

水样的类型	总有机碳 R （BOD_5/TOC）	高锰酸盐指数 R （BOD_5/I_{Mn}）	化学需氧量 R （BOD_5/COD_{Cr}）
未处理的废水	1.2~2.8	1.2~1.5	0.35~0.65
生化处理的废水	0.3~1.0	0.5~1.2	0.20~0.35

由表 7-7 中选择适当的 R 值，按式（7-5）计算 BOD_5 的期望值：

$$\rho = R \cdot Y \tag{7-5}$$

式中　ρ——五日生化需氧量浓度的期望值，mg/L；

　　　　Y——总有机碳（TOC）、高锰酸盐指数（I_{Mn}）或化学需氧量（COD_{Cr}）的值，mg/L。

由估算出的 BOD_5 的期望值，按表 7-8 确定样品的稀释倍数。

BOD₅ 测定的稀释倍数　　　　　　　表 7-8

BOD₅ 的期望值(mg/L)	稀释倍数	水样类型
6~12	2	河水,生物净化的城市污水
10~30	5	河水,生物净化的城市污水
20~60	10	生物净化的城市污水
40~120	20	澄清的城市污水或轻度污染的工业废水
100~300	50	轻度污染的工业废水或原城市污水
200~600	100	轻度污染的工业废水或原城市污水
400~1200	200	重度污染的工业废水或原城市污水
1000~3000	500	重度污染的工业废水
2000~6000	1000	重度污染的工业废水

具体步骤如下：

（1）按照确定的稀释倍数，先取少量稀释水（或接种稀释水）加入 1000mL 量筒中，然后再用虹吸管加入需要量的试样，再加稀释水（或接种稀释水）至稀释倍数对应的刻度。

（2）按照非稀释法的操作步骤，取稀释过的水样进行装瓶、测定培养前和培养 5d 后的溶解氧。

（3）另取 2 个溶解氧瓶，用虹吸法装满稀释水（或接种稀释水），按照相同操作步骤测定培养前和培养 5d 后的溶解氧。作为空白对照。

五、实验报告

（一）实验结果

实验结果根据不同情况按下列公式计算：

（1）非稀释法

非稀释法按式（7-6）计算样品 BOD₅ 的测定结果：

$$\rho = \rho_1 - \rho_2 \tag{7-6}$$

式中　ρ——五日生化需氧量质量浓度（mg/L）；

　　　ρ_1——水样在培养前的溶解氧质量浓度（mg/L）；

　　　ρ_2——水样在培养后的溶解氧质量浓度（mg/L）。

（2）非稀释接种法

非稀释接种法按式（7-7）计算样品 BOD₅ 的测定结果：

$$\rho = (\rho_1 - \rho_2) - (\rho_3 - \rho_4) \tag{7-7}$$

式中　ρ——五日生化需氧量质量浓度（mg/L）；

　　　ρ_1——接种水样在培养前的溶解氧质量浓度（mg/L）；

　　　ρ_2——接种水样在培养后的溶解氧质量浓度（mg/L）；

　　　ρ_3——空白样在培养前的溶解氧质量浓度（mg/L）；

　　　ρ_4——空白样在培养后的溶解氧质量浓度（mg/L）。

127

（3）稀释与接种法

稀释法与稀释接种法按式（7-8）计算样品 BOD_5 的测定结果：

$$\rho = \frac{(\rho_1 - \rho_2) - (\rho_3 - \rho_4)f_1}{f_2} \tag{7-8}$$

式中　ρ ——五日生化需氧量质量浓度（mg/L）；

　　　ρ_1 ——接种稀释水样在培养前的溶解氧质量浓度（mg/L）；

　　　ρ_2 ——接种稀释水样在培养后的溶解氧质量浓度（mg/L）；

　　　ρ_3 ——空白样在培养前的溶解氧质量浓度（mg/L）；

　　　ρ_4 ——空白样在培养后的溶解氧质量浓度（mg/L）；

　　　f_1 ——接种稀释水或稀释水在培养液中所占的比例；

　　　f_2 ——原样品在培养液中所占的比例。

（二）思考题

（1）BOD_5 测定实验中要使测定结果较准确，应该注意哪些问题？

（2）BOD_5 的测定有何意义？

实验三十七　液体培养条件下细菌淀粉酶的检测

一、实验目的

1. 掌握细菌液体接种及培养技术。

2. 掌握细菌淀粉酶检测的实验原理及操作技术。

二、实验原理

淀粉作为一种常见碳源，很容易被微生物分解利用。细菌通过淀粉酶能够快速水解淀粉，用于构成细胞组成物质和代谢能量供给。将淀粉水溶液中加入少量离心后的细菌菌悬液，进行振荡培养，每隔一段时间取样测试。样液中加入碘-碘化钾溶液，根据碘遇淀粉显示蓝色的显色原理，通过蓝色深浅可以判断样液中淀粉含量的变化，至无蓝色出现，即可判断细菌通过淀粉酶的作用，将培养液中淀粉彻底水解。

三、实验材料

（一）菌种

活性污泥中筛选的淀粉降解菌。

（二）培养基/试剂

淀粉液体培养基：淀粉 20.0g，$NaNO_3$ 2g，$Na_2HPO_4 \cdot 2H_2O$ 2.0g，$MgSO_4$ 0.5g，KCl 0.5g，KH_2PO_4 1.0g，$Fe_2(SO_4)_3 \cdot H_2O$ 0.2g，$CaCl_2 \cdot 2H_2O$ 0.1g，蒸馏水 1L，pH 值 7.0~7.2。

1%淀粉水溶液、0.1%碘-碘化钾水溶液。

（三）实验器材

恒温摇床、超净工作台、台式离心机、1mL 和 10mL 移液管、10mL 比色管、10mL 离心管、250mL 锥形瓶。

四、实验步骤

（一）液体接种

在超净工作台中，按照无菌操作要求，取 1mL 细菌培养物，加入到已灭菌的装有100mL 淀粉液体培养基的 250mL 锥形瓶中，用无菌纱布包扎好瓶口。

（二）液体培养

将接种后包扎好的锥形瓶用记号笔做好标记，放入摇床中，摇床转速 150r/min，37℃培养 24h 备用。

（三）细菌菌悬液制备

将 10mL 上述培养液加入 10mL 离心管中，5000r/min 离心 4min。弃上清液，沉淀细胞保留备用。

（四）淀粉降解

1. 实验组

（1）取 1 支上述内有沉淀细胞的离心管，用洗瓶加入适量蒸馏水涮洗，将涮洗液倒入100mL 筒量，涮洗 3~5 次即可。将 1mL1% 淀粉水溶液加入量筒中，再加入蒸馏水定容到 100mL。

（2）将溶液转入 250mL 锥形瓶中，即为起始淀粉降解溶液。

（3）为了观察不同浓度淀粉溶液的降解程度，可按此步骤配置多个不同的起始淀粉浓度，淀粉溶液（1%）的加入量可选择 0.5mL、1mL、2mL、5mL 等。

2. 空白对照组

（1）取 1mL 1%淀粉水溶液加入 100mL 筒量，再加入蒸馏水定容到 100mL。

（2）将此溶液转入 250mL 锥形瓶中，即为起始空白对照溶液。将实验组和空白对照组的锥形瓶用纱布包扎，并用记号笔标记，然后放入 37℃摇床培养 1.5h 左右，摇床转速150r/min。从 0h 开始取样，每隔 20min 取样测试淀粉酶活性。

（五）淀粉酶活性检测

用移液管从培养液中取样 10mL，加入到 10mL 比色管中，立即加入 0.5mL 0.1%碘—碘化钾水溶液，摇晃均匀后观察，并与空白组进行对照，拍照记录显色结果。

五、实验报告

（一）实验结果

将对照组和实验组的实验结果照片按照时间顺序粘贴，并对实验现象做简要的总结和分析。

（二）思考题

（1）本实验所用的碘遇淀粉变蓝色的显色方法是否可以对溶液中淀粉进行定量分析？

（2）是否可以建立一种定量检测细菌淀粉酶活性的方法？

第八章 污染物微生物处理

实验三十八 硝化细菌的分离与硝化能力测定

一、实验目的

1. 了解硝化反应的试验原理。
2. 掌握硝化反应的试验操作技术。

二、实验原理

硝化作用（Nitrification）是指氨在微生物作用下氧化为硝酸的过程。硝化细菌将氨氧化为硝酸的过程，通常发生在通气良好的土壤、厩肥、堆肥和活性污泥中。第一阶段为亚硝化，即氨根（NH_4^+）氧化为亚硝酸根（NO_2^-）的阶段。第二阶段为硝化，即亚硝酸根（NO_2^-）氧化为硝酸根（NO_3^-）的阶段。硝化细菌（nitrifying bacteria）是一种好气性细菌，包括亚硝化菌和硝化菌，它们生活在有氧的环境中（有氧的水、土壤或砂层中），在生物圈氮循环和污水净化过程中扮演着很重要的角色，主要功能是把 NH_4^+ 或 NO_2^- 转变为 NO_3^-。

可利用格利斯（Griess）试剂快速检测 NO_2^- 是否生成，来判断菌株有无硝化能力。硝化作用中产生的硝酸盐浓度（NO_3^-）可用紫外分光光度法测定，即利用硝酸根离子在 220nm 波长处的吸收测定硝酸盐浓度，溶解的有机物在 220nm 处也会有吸收，而硝酸根离子在 275nm 处没有吸收，因此在 275nm 处做另一次测量，以校正硝酸盐氮值。亚硝酸盐（NO_2^-）浓度可以 N-(1-萘基)-乙二胺光度法测定，即在磷酸介质中，pH 值为 1.8 ± 0.3 时，亚硝酸盐与对-氨基苯磺酰胺反应，生成重氮盐，再与 N-(1-萘基)-乙二胺偶联生成红色染料，在 540nm 波长处有最大吸收。

三、实验材料

（一）菌体材料

取污水处理厂生物膜或活性污泥（若硝化菌浓度低可先进行富集培养）。

（二）培养基/试剂

1. 亚硝化菌富集培养基（改良的 Stephenson 培养基）

$(NH_4)_2SO_4$ 2.0g，$MnSO_4 \cdot 4H_2O$ 0.01g，$MgSO_4 \cdot 7H_2O$ 0.03g，$CaCO_3$ 5.0g，NaH_2PO_4 0.25g，K_2HPO_4 0.75g（磷酸盐单独灭菌，在培养液冷却至室温后加入），用蒸馏水溶解，并定容至 1000mL，调 pH 值为 7.8，121℃灭菌 30min。

2. 硝化菌培养基

$NaNO_2$ 1.0g，$MgSO_4 \cdot 7H_2O$ 0.03g，Na_2CO_3 1.0g，$MnSO_4 \cdot 4H_2O$ 0.01g，NaH_2PO_4 0.25g，K_2HPO_4 0.75g（磷酸盐单独灭菌，在培养液冷却至室温后加入），用蒸馏水溶解，

并定容至 1000mL。调 pH 值为 7.2，121℃ 灭菌 30min。

3. 格利斯（Griess）试剂

A 液——称取磺胺酸（对氨基苯磺酸）0.5g 溶于 150mL 的 10% 醋酸溶液中，存于棕色瓶内；B 液——称取 α-萘胺 0.1g，放入 20mL 蒸馏水中，煮沸后，缓缓加入 10% 醋酸溶液 150mL，存于棕色瓶内。

4. 二苯胺溶液

称取二苯胺 1.0g，溶于 20mL 蒸馏水中，然后缓缓加入浓硫酸 100mL，存于棕色瓶中备用。

5. 氨基磺酸铵溶液

称取 0.2g 氨基磺酸铵溶解于 1000mL 蒸馏水中，该溶液的质量浓度为 200mg/L。浓硫酸、无菌水。

（三）实验器材

超净工作台、恒温摇床、高温灭菌器、离心机、721 分光光度计、50mL 离心管、三角瓶、移液管、试管、白瓷板。

四、实验步骤

（一）富集培养（非必要步骤）

取活性污泥 1mL 接种到 100mL 亚硝化培养基及硝化培养基中，摇瓶 120r/min，28℃，7d 后将培养的菌液转接到新鲜的培养基中继续培养，根据原始污泥中所含硝化细菌浓度，富集培养 4~6 周。

（二）平板分离与检测

1. 用无菌移液管取约 0.1mL 富集培养液，滴于 10~15 个亚硝化细菌培养基平板上，涂布均匀，倒置于 28℃ 恒温培养箱中培养 2 周。

2. 用接种环从各个平板分别挑取单菌落 10~20 个，分别接种到新鲜的亚硝化细菌培养液中，将接种后的培养液置于 28℃ 恒温培养箱中，120r/min 振荡培养 1 周，取出待检。

3. 用无菌吸管吸取培养液 0.2mL，放在白瓷板凹窝中，加入格利斯试剂 A 和 B 试管各 2 滴，如果呈现粉红色，表明培养液生成了 NO_2^-，该菌为亚硝化细菌阳性，否则为阴性。

4. 将亚硝化阳性的细菌培养液采用稀释涂布法或划线分离法进一步纯化后，转接斜面保存备用并编号（如：xh01）。

（三）降解活性测定

1. 分别取亚硝化细菌斜面培养物（如：xh01）一环，加入 5 个 250mL 锥形瓶的液体培养基中，120r/min，28℃ 摇瓶培养。

2. 每隔 3 天取出 1 瓶培养液，将培养液移取至离心管中进行离心过滤，转速 8000r/min，时间 10min。离心结束，取上清液用微孔滤膜过滤。将滤液 121℃，20min 灭菌处理后，保留滤液备用。

3. 参照国家环境保护总局《水和废水监测分析方法（第四版）》中的亚硝酸盐氮测定方法——N-(1-萘基)-乙二胺光度法，配置亚硝酸盐标准使用液，绘制以亚硝酸盐的氮含量（μg）对校正吸光度的标准曲线。参照国家环境保护总局《水和废水监测分析方法

（第四版）》中的硝酸盐氮测定方法——紫外分光光度法，配置硝酸盐标准使用液，绘制以硝酸盐的氮含量（μg）对校正吸光度的标准曲线。

4.滤液样品中的亚硝酸盐氮含量按照 N-(1-萘基)-乙二胺光度法进行测定：

$$亚硝酸盐氮(N, mg/L) = \frac{m_1}{V_1} \tag{8-1}$$

式中　m_1——从标准曲线上查得相应的亚硝酸盐氮的含量（μg）；

　　　V_1——水样的体积（mL）。

5.滤液样品中的硝酸盐氮含量按照紫外分光光度法测定

$$A_{校} = A_{220} - 2A_{275} \tag{8-2}$$

$$硝酸盐氮(N, mg/L) = \frac{m_2}{V_2} \tag{8-3}$$

式中　m_2——从标准曲线上查得 $A_{校}$ 对应的硝酸盐氮的含量（μg）；

　　　V_2——水样的体积（mL）。

五、实验报告

（一）实验结果

1.描述分离出的硝化细菌和亚硝化细菌的形态。

2.将硝化反应的实验结果记录在下表中。

细菌培养时间(d)	0	3	6	9	12	15
亚硝酸盐培养液吸光度(OD_{540})						
亚硝酸盐氮的生成量(mg/L)						
硝酸盐培养液吸光度($A_{校}$)						
硝酸盐氮的生成量(mg/L)						

3.以培养时间为横坐标，以亚硝酸盐氮或硝酸盐氮的生成量为纵坐标，绘制硝化曲线。

（二）思考题

对实验结果与存在的问题进行总结与简要分析。

实验三十九　反硝化细菌的分离及反硝化能力测定

一、实验目的

1.掌握反硝化作用的原理。

2.了解掌握硝化反应的试验操作技术。

二、实验原理

反硝化作用（Denitrification）是将 NO_3^- 或 NO_2^- 降解为 N_2O 或 N_2 的过程，是自然界中 N 循环的重要环节。生物反硝化即利用反硝化菌的作用，将硝酸盐氮（亚硝酸盐氮）转化为气态产物脱除，被认为是最经济有效的脱氮方式。通常将能够进行反硝化作用的细菌统称为反硝化细菌，目前已分离出来的种类有 50 属以上，已超过 130 种。利用反硝化细菌脱氮是含氮类废水脱 N 最常用的方法，对控制水体富营养化和净化水域也有显著的效果。通常情况下，细菌进行反硝化作用是在无氧条件下进行的。随着 Robertson 等人在 1983 年发现了 *Thiosphaera pantotropha gen. nov. sp. nov.* 具有好氧反硝化能力，到目前为止，又有一系列好氧反硝化细菌和兼性厌氧反硝化细菌被逐步发现。厌氧反硝化细菌因为其生长条件严格，限制了生物除氮工艺的发展。对供氧条件不敏感的好氧或兼性厌氧反硝化菌株的筛选及对其反硝化性质的研究，在水处理的应用研究中具有更重要的实际应用价值。

首先通过反硝化鉴定培养基的培养观察，可以鉴别筛选有反硝化能力的菌株。对有反硝化能力的菌株通过每隔一段时间测定其 NO_3^--N、NO_2^--N 浓度，以此判断菌株反硝化能力的强弱。硝酸盐浓度可用紫外分光光度法测定，即利用硝酸根离子在 220nm 波长处的吸收测定硝酸盐浓度，溶解的有机物在 220nm 处也会有吸收，而硝酸根离子在 275nm 处没有吸收，因此，在 275nm 处做另一次测量，以校正硝酸盐氮值。亚硝酸盐可以 N-(1-萘基)-乙二胺光度法测定，即在磷酸介质中，pH 值为 1.8±0.3 时，亚硝酸盐与对-氨基苯磺酰胺反应，生成重氮盐，再与 N-(1-萘基)-乙二胺偶联生成红色染料，在 540nm 波长处有最大吸收。

三、实验材料

（一）菌体材料

污水处理厂生物膜或活性污泥。

（二）培养基/试剂

1. 反硝化培养基

CH_3COONa 2.0g，$NaNO_3$ 1.0g，K_2HPO_4 0.5g，$MgSO_4 \cdot 7H_2O$ 0.2g，微量元素 2mL，蒸馏水 1L，调 pH 值 7.2～7.6，121℃灭菌 30min。其中微量元素溶液：EDTA 2.06g，$FeSO_4 \cdot 7H_2O$ 1.54g，$MnCl_2 \cdot 4H_2O$ 0.2g，$ZnSO_4 \cdot 7H_2O$ 0.1g，$CuSO_4 \cdot 5H_2O$ 0.02g，Na_2MnO_4 0.1g，$CoCl_2 \cdot 6H_2O$ 2mg，蒸馏水 1L。

2. 反硝化鉴定培养基

普通肉汁胨培养基 100mL，KNO_3 1g。调 pH 7.2～7.4，分装试管，每管培养基高度约 5cm，121℃灭菌 30min。

（三）实验器材

超净工作台、恒温摇床、高温灭菌器、离心机、721 分光光度计、50mL 离心管、110mL 血清瓶、移液管、试管等。

四、实验步骤

（一）富集培养（非必要步骤）

取活性污泥 1mL 接种到 100mL 反硝化培养基中，28℃，120r/min 摇瓶培养，7d 后将培养的菌液转接到新鲜的培养基中继续培养，根据原始污泥中所含硝化细菌浓度，富集培养 4～6 周。

（二）分离与筛选

1. 纯化培养

用无菌移液管取约 0.1mL 富集培养液，滴于 10~15 个硝化培养基平板上，涂布均匀，倒置于 30℃恒温培养箱中培养 2 周。用接种环从各个平板分别挑取单菌落 10~20 个，分别接种到肉汁胨斜面菌苔，30℃培养备用。

2. 接种

用肉汁胨斜面菌苔为菌种，用接种环接种到反硝化鉴定培养基试管中，然后用凡士林油封管，同时要以封油的不含硝酸钾的培养基试管做对照。

3. 结果观察

30℃培养 1~7d，观察含有硝酸钾的反硝化鉴定培养基中有无生长和是否产生气泡，如产生气泡表示有反硝化作用产生氮气，是阳性反应；但如不含硝酸钾的对照培养基也产生气泡则只能按可疑或阴性处理，不产气泡则为阴性。

（三）反硝化能力测定

1. 将本实验所用的反硝化培养基中 $NaNO_3$ 的浓度调整为 200mg/L（浓度在 50~300mg/L 均可），其余物质含量不变。实验在 110mL 血清瓶中进行，每瓶加入反硝化培养基 50mL。

2. 分别取亚硝化细菌斜面培养物（fxh01）一环（或培养液 1mL），加入 5 个 110mL 血清瓶的反硝化液体培养基中，盖紧瓶盖使其密闭，30℃摇床培养。以不加菌的血清瓶作为对照。每次实验 3 个重复。

3. 每隔 4h 取出 1 瓶培养液，将培养液移取至离心管中进行离心过滤，转速 8000r/min，时间 10min。离心结束，取上清液用微孔滤膜过滤，保留滤液备用。

4. 参照国家环境保护总局《水和废水监测分析方法（第四版）》中的亚硝酸盐氮测定方法——N-(1-萘基)-乙二胺光度法，配置亚硝酸盐标准使用液，绘制以亚硝酸盐的氮含量（μg）对校正吸光度的标准曲线。参照国家环境保护总局《水和废水监测分析方法（第四版）》中的硝酸盐氮测定方法——紫外分光光度法，配置硝酸盐标准使用液，绘制以硝酸盐的氮含量（μg）对校正吸光度的标准曲线。

5. 滤液样品中的亚硝酸盐氮含量按照 N-(1-萘基)-乙二胺光度法进行测定（式（8-4））

$$亚硝酸盐氮(N，mg/L) = \frac{m_1}{V_1} \qquad (8-4)$$

式中　m_1——从标准曲线上查得相应的亚硝酸盐氮的含量（μg）；

　　　V_1——水样的体积（mL）。

6. 滤液样品中的硝酸盐氮含量按照紫外分光光度法测定（式（8-5）、式（8-6））

$$A_校 = A_{220} - 2A_{275} \qquad (8-5)$$

$$硝酸盐氮(N，mg/L) = \frac{m_2}{V_2} \qquad (8-6)$$

式中　m_2——从标准曲线上查得 $A_校$ 对应的硝酸盐氮的含量（μg）；

　　　V_2——水样的体积（mL）。

五、实验报告

（一）实验结果

（1）描述分离出的硝化细菌和亚硝化细菌的形态。

（2）将反硝化反应的实验结果记录在下表中。

培养时间(h)	0	4	8	12	16	20
亚硝酸盐培养液吸光度(OD$_{540}$)						
亚硝酸盐氮的残余量(mg/L)						
硝酸盐培养液吸光度($A_{校}$)						
硝酸盐氮的残余量(mg/L)						

（3）以时间为横坐标，以亚硝酸盐氮或硝酸盐氮的残余量为纵坐标，绘制反硝化曲线。

（二）思考题

对实验结果与存在的问题进行总结与简要分析。

实验四十　聚磷菌的分离、形态观察及除磷效率测定

一、实验目的

1. 学习并掌握聚磷菌的分离及培养的基本方法。
2. 学习并掌握聚磷菌除磷效率的测定方法。

二、实验原理

聚磷菌能够在好氧或缺氧状态下，超量地将污水中的溶解态的正磷酸盐吸入体内，在细胞内合成多聚磷酸盐颗粒（异染粒），如具有环状结构的三偏磷酸盐和四偏磷酸盐；具有线状结构的焦磷酸盐和不溶结晶聚磷酸盐；具有横联结构的过磷酸盐等，并加以积累，使体内的含磷量超过一般细菌体内含磷量的数倍。在厌氧条件下，聚磷菌能够吸收污水中的乙酸、甲酸、丙酸及乙醇等极易生物降解的有机物质，贮存在体内作为营养源，同时将体内存贮的聚磷酸盐分解，以 PO_4^{3-}-P 的形式释放到环境中来，以便获得能量，供细菌在不利环境中维持其生存所需，此时菌体内多聚磷酸盐就逐渐消失，而以可溶性单磷酸盐的形式排到体外环境中，对菌体染色观察显示，厌氧培养后菌体内聚羟基丁酸（PHB）颗粒显著增多。如果该类细菌再次进入营养丰富的好氧环境时，它将重复上述的体内积磷过程。但目前对于生物除磷的机理并没有研究透彻，生物除磷研究仍是污水处理领域的一个热点。

三、实验材料

（一）实验材料

除磷反应器中活性污泥。

（二）培养基

细菌分离纯化及扩大培养用培养基采用牛肉膏蛋白胨培养基，其成分为：牛肉膏5.0g，蛋白胨10.0g，NaCl 5.0g，蒸馏水1000mL，pH 值 7.4~7.6。121℃灭菌20min。根据不同培养需求，调整磷源加入量。

细菌厌氧/好氧培养用培养基 厌氧培养基成分为：$MgSO_4$ 0.4g，$FeSO_4$ 0.002g，$CaSO_4$ 0.08g，葡萄糖 0.5g，牛肉膏 0.22g，$(NH_4)SO_4$ 0.2g，磷浓度（KH_2PO_4）为 5mg/L，蒸馏水 1000mL，pH 7.0。好氧培养基成分同厌氧培养基，但不添加葡萄糖和牛肉膏，即无碳源，且磷浓度调整为 10mg/L。

（三）试剂

1. 聚 β-羟基丁酸染色液

（1）质量浓度 3g/L 苏丹黑

苏丹黑 B（Sudan black B）0.3g、体积百分数 70% 乙醇 100mL 混合后用力振荡，放置过夜备用，用前最好过滤。

（2）退色剂：二甲苯。

（3）复染液：50g/L 蕃红水溶液。

2. 异染颗粒染色液

甲液：体积百分数 95% 乙醇 2mL，甲苯胺蓝（toluidine blue）0.15g，冰醋酸 1mL，孔雀绿 0.2g，蒸馏水 100mL。

先将染料溶于乙醇中，向染料液中加入事先混合的冰醋酸和水，放置 24h 后过滤备用。

3. PO_4^{3-}-P 测定试剂（钼锑抗分光光度法）

（1）（1+1）硫酸。

（2）10% 抗坏血酸溶液：溶解 10g 抗坏血酸于水中，并稀释至 100mL。该溶液贮存在棕色玻璃瓶中，在约 4℃ 可稳定几周。如颜色变黄，则弃去重配。

（3）钼酸盐溶液：溶解 13g 钼酸铵（$(NH_4)_6Mo_7O_{24} \cdot 4H_2O$）于 100mL 水中。溶解 0.35g 酒石酸锑氧钾（$K(SbO)C_4H_4O_6 \cdot 1/2H_2O$）于 100mL 水中。在不断搅拌下，将钼酸铵溶液徐徐加到 300mL（1+1）硫酸中，加酒石酸锑氧钾溶液并且混合均匀。贮存在棕色的玻璃瓶中 4℃ 保存。至少稳定 2 个月。

（4）浊度—色度补偿液：混合 2 份体积的（1+1）硫酸和 1 份体积的 10% 抗坏血酸溶液。此溶液当天配制。

（5）磷酸盐贮备溶液：将优级纯磷酸二氢钾（KH_2PO_4）于 110℃ 干燥 2h，在干燥器中放冷。称取 0.2197g 溶于水，移入 1000mL 容量瓶中。加（1+1）硫酸 5mL，用水稀释至标线。此溶液每毫升含 50.0μg 磷（以 P 计）。

（6）磷酸盐标准溶液：吸取 10.00mL 磷酸盐贮备液于 250mL 容量瓶中，用水稀释至标线。此溶液每毫升含 2.00μg 磷。临用时现配。

（四）实验器材

超净工作台、高压蒸汽灭菌器、离心机、光学显微镜、721 分光光度计、50mL 离心管、50mL 具塞比色管、三角瓶、移液管、试管等。

四、实验步骤

（一）分离与纯化

1. 用无菌移液管移取约 50mL 活性污泥，加入已灭菌的装有玻璃珠的锥形瓶中，摇动锥形瓶使污泥分散均匀。然后用梯度稀释法涂布牛肉膏蛋白胨平板（含 $KH_2PO_4 \cdot 3H_2O$

0.25g），倒置于30℃恒温培养箱中培养48h。

2. 用接种环从各个平板分别挑取单菌落共10~20个，在新鲜的牛肉膏蛋白胨平板（含 $KH_2PO_4 \cdot 3H_2O$ 0.25g）用划线分离法进一步纯化后，转接斜面保存备用并编号（如：JL01）。

（二）聚磷菌的筛选

1. 初筛

（1）聚β-羟基丁酸（类脂粒、脂肪球）染色

① 按常规制成涂片，用苏丹黑染10min。

② 用水冲去染液，用滤纸将残水吸干。

③ 用二甲苯冲洗涂片至无色素洗脱。

④ 用质量浓度5g/L蕃红复染1~2min。

⑤ 水洗、吸干、镜检。聚β-羟基丁酸颗粒呈蓝黑色，菌体呈红色。

（2）异染颗粒染色

① 按常规制涂片，用异染颗粒染液的甲液染5min。

② 倾去甲液，用乙液冲去甲液，并染1min。

③ 水洗、吸干、镜检。异染颗粒呈黑色，其他部分呈暗绿或浅绿色。

选取染色后同时出现PHB颗粒和异染粒的菌种进行复筛。

2. 复筛

取250mL锥形瓶，加橡皮塞密封，塞上通孔，插入毛细玻璃管，交替连续通入过滤除菌的高纯氮气和空气，以提供厌氧或好氧环境。分别测定各菌种厌氧和好氧培养结束后上清液的磷浓度，筛选出厌氧释磷和好氧吸磷作用明显的菌种，即为聚磷菌。

（三）除磷特性测定

1. 将金黄色葡萄球菌接于100mL的牛肉膏蛋白胨培养基中，35℃下120r/min震荡培养24h，进行扩大培养。然后在4℃、8000r/min冷冻离心10min，收集菌体，用无菌水洗3次后转接于厌氧培养基中厌氧培养24h，再次离心收集菌体，水洗3次后转至好氧培养基中，好氧培养48h。期间每隔8h无菌条件下取菌悬液10mL，8000r/min离心10min，取上清液备用。

2. 校准曲线的绘制

取数支50mL具塞比色管，分别加入磷酸盐标准使用液0、0.50、1.00、3.00、5.00、10.0、15.0mL，加水至50mL。

（1）显色

向比色管中加入1mL 10%抗坏血酸溶液，混均。30s后加2mL钼酸盐溶液充分混匀，放置15min。

（2）测量

用10mm比色皿，于700nm波长处，以零浓度溶液为参比，测量吸光度。

3. 样品测定

分别取处理过的样品（使含磷量不超过30μg）加入50mL比色管中，用水稀释至至标线。以下按绘制校准曲线的步骤进行显色和测量。减去空白试验的吸光度，并从校准曲线上查出含磷量。

$$磷酸盐（P，mg/L）= \frac{m}{V} \tag{8-7}$$

式中　m——由水样的校正吸光度，由标准曲线查得的磷酸盐含量（μg）；

　　　V——移取滤液量（mL）。

注：如水样磷酸盐含量较高，需要稀释，则计算时应乘以稀释倍数。

五、实验报告

（一）实验结果

（1）描述分离出的聚磷菌的形态。

（2）将厌氧好氧交替培养时细菌释磷、聚磷能力的实验结果填入下表。

培养时间（h）	0	8	16	24	32	48
厌氧吸光度（OD_{700}）						
厌氧释磷 PO_4^{3-}-P 残余量（mg/L）						
好氧吸光度（OD_{700}）						
好氧聚磷 PO_4^{3-}-P 残余量（mg/L）						

（3）以培养时间为横坐标，根据溶液中 PO_4^{3-}-P 含量，绘制厌氧释磷及好氧聚磷曲线。

（二）思考题

对实验结果与存在的问题进行总结与简要分析。

实验四十一　石油降解菌的分离与降解能力测定

一、实验目的

1. 学习并掌握石油降解菌的分离及培养的基本方法。

2. 学习并掌握石油降解菌活性测定的基本方法。

二、实验原理

石油在开采、运输、贮藏、加工过程中因意外事故或管理不当，都会使石油排放到农田、地下水、海洋等，使环境遭受污染，直接危害人类生产与生活。物理方法和化学方法由于成本昂贵和可能对环境造成二次污染而限制了其应用。微生物是地球上分布最广泛、数量及种类最多、繁殖速度最快、比表面积最大的一类简单生物体，目前，净化环境中的石油污染物最有效可行的方法仍是"生物修复"，尤其是微生物净化，已有不少成功的实例。完成生物修复的首要步骤是获取高效的优势降解菌株。通过在含石油的培养基中对微生物进行富集培养和分离纯化，可以选出高效的优势降解菌株，通过紫外分光光度法测定培养前后培养基中石油浓度的变化，计算石油降解率，可知石油降解菌的降解活性。

三、实验材料

（一）实验材料

石油长期污染的土壤样品。

（二）石油

将取自油田的轻质原油90℃水浴加热3h以减小易挥发成分对实验带来的影响，以石油醚为溶剂溶解，并用定量滤纸过滤后备用。

（三）培养基

1. 无机盐培养基

NaCl 10g，NH_4Cl 0.50g，KH_2PO_4 0.50g，K_2HPO_4 1.0g，$MgSO_4$ 0.50g，$CaCl_2$ 0.02g，KCl 0.10g，$FeCl_2 \cdot 4H_2O$ 0.02g，蒸馏水 1000mL，微量元素溶液 1mL（$MnSO_4$ 39.9mg，$ZnSO_4 \cdot H_2O$ 42.8mg，$(NH_4)_2MoO_4 \cdot 4H_2O$ 34.7mg，蒸馏水 1000mL），pH 为 7.5。

2. 分离与保存培养基

无机盐培养基 1000mL，原油 3g，琼脂 18g。高压蒸汽灭菌后，倒平板或制成斜面备用。

3. 富集培养基

牛肉膏 3g，蛋白胨 5g，NaCl 5g，无机盐培养基 1000mL，pH 为 7.2~7.4。121℃高压蒸汽灭菌 20min 备用。

4. 基础培养液

NH_4NO_3 80mg，NaH_2PO_4 21.68mg，无水 $CaCl_2$ 56mg，$MgSO_4 \cdot 7H_2O$ 130mg，蒸馏水 1000mL，调 pH 值至 7.0~7.5。

5. 微量元素溶液

100mg/L Fe^{3+} 溶液、100mg/L Cu^{2+} 溶液、100mg/L Mn^{2+} 溶液、100mg/L Zn^{2+} 溶液、100mg/L Mo^{6+} 溶液。

（四）实验器材

超净工作台、高压蒸汽灭菌器、离心机、紫外分光光度计、离心管、具塞比色管、三角瓶、移液管、试管等。

四、实验步骤

（一）石油优势降解菌的分离和保存

称取 10g 采集的新鲜土样，在无菌条件下倒入盛有 90mL 无菌水的三角瓶中，用无菌水稀释至 10^9 倍，分别取 10^7、10^8、10^9 3 个稀释倍数各 0.2mL 于分离培养基平板的中央，用玻璃刮刀均匀涂布，于 32℃ 恒温培养箱中培养一周，挑取长势较好的单一菌落划线分离，重复该操作多次直至获得纯菌株。

（二）菌悬液的制备

无菌条件下将筛选分离好的菌株接种于 100mL 富集培养基中，在温度为 30~32℃、转速为 160r/min 的摇床上好氧振荡培养 48h，7000r/min 离心洗涤 3 次后用 0.9% 的生理盐水制成菌悬液，保存于 4℃ 冰箱中备用。

（三）石油降解性能实验

为了防止生物降解体系中石油烃因高温高压而造成的挥发损失，首先将各实验所需的液体培养基，高压锅灭菌 20min，再在无菌条件下向降解体系加入 200g/L 的石油标准溶液 0.14mL 配成 560mg/L 的石油污染废水，接种 2mL 菌悬液。将上述三角瓶放入 30℃ 水浴恒温摇床恒速 140r/min 降解 5~6d，紫外分光光度法测定剩余石油含量。

（四）原油标准曲线的绘制

将备用的轻质原油用沸程为 60~90℃ 的石油醚为溶剂配成一系列的石油标准溶液，选择 $\lambda = 225nm$ 为工作波长，测定该波长下不同原油浓度标准溶液的吸光度值，绘出标准曲线。

（五）反应体系中降解后石油含量的测定

以沸程为 60~90℃ 的石油醚为萃取剂，用 125mL 的分液漏斗将反应体系反复萃取 3 次，把萃取液定容至 10mL，再稀释 50 倍后于 $\lambda = 225nm$ 处用紫外分光光度计测定吸光光度值，对照标准曲线查出浓度，并计算剩余石油含量。

五、实验报告

（一）实验结果

1. 描述分离出的石油降解菌在光学显微镜下的形态特征。

2. 将菌株降解石油能力的实验结果填入下表。

培养时间(d)	0	1	2	3	4	5	6
吸光度(OD_{225})							
石油残余量(mg/L)							

3. 以培养时间为横坐标，溶液中石油含量变化为纵坐标，绘制石油降解曲线。

（二）思考题

（1）试述微生物降解石油的主要途径有哪些？

（2）对实验结果与存在的问题进行总结与简要分析。

实验四十二　苯酚降解微生物的分离及除苯酚能力的测定

一、实验目的

1. 掌握苯酚降解微生物的分离及培养方法。

2. 学习并掌握微生物苯酚降解能力的测定方法。

二、实验原理

随着我国工业化程度的提高，各种含酚废水也相应增多，未经处理的含酚废水对人类的生存环境已经造成了严重的威胁。利用微生物降解的方法处理含酚废水，是一种经济有效且无二次污染的方法。利用微生物的新陈代谢作用将废水中的酚类物质代谢成二氧化碳、氨、二氧化硫等稳定的小分子，利用微生物体内的酶来分解酚以合成自身的有机质，使污水得到净化。这种方法不仅危害少，而且成本低廉，因此，在苯酚污染的治理中起到了越来越重要的作用。在生物处理过程中，由于含酚废水的难降解特性，因此引入的菌种要有较强的降解酚能力，能较好地适应冲击负荷的变化。通过从活性污泥中筛选苯酚降解微生物，研究其对苯酚的降解特性，对含酚工业废水的生物处理具有重要的实际意义。

酚类化合物于 $pH = 10 \pm 0.2$ 介质中，在铁氰化钾存在下，与 4-氨基安替比林反应，生成橙红色的吲哚酚安替比林染料，其水溶液在510nm波长处有最大吸收。故本试验用4-氨基安替比林直接光度法测定苯酚降解微生物的除苯酚能力。

三、实验材料

（一）实验材料

污水处理厂活性污泥。

（二）培养基

合成培养基的组成及质量浓度为：KH_2PO_4 0.9g，$Na_2HPO_4 \cdot 12H_2O$ 6.5g，$MgSO_4 \cdot 6H_2O$ 0.2g，$(NH_4)_2SO_2$ 0.4g，牛肉膏 30mg，蒸馏水 1000mL。pH控制在7.5左右，在灭菌后的培养基中，分别加入不同含量的苯酚。

（三）苯酚测试试剂（4-氨基安替比林直接光度法）

1. 苯酚标准贮备液

称取1.00g无色苯酚（C_6H_5OH）溶于水，移入1000mL容量瓶中，稀释至标线。置4℃冰箱内保存，至少稳定1个月。

2. 贮备液的标定

（1）吸取10.00mL苯酚贮备液于250mL碘量瓶中，加水稀释至100mL，加10.0mL 0.1mol/L溴酸钾—溴化钾溶液，立即加入5mL盐酸，盖好瓶塞，轻轻摇匀，于暗处放置10min。加入1g碘化钾，密塞，再轻轻摇匀，放置暗处5min。用0.0125mol/L硫代硫酸钠标准溶液滴定至淡黄色，加入1mL淀粉溶液，继续滴定至蓝色刚好褪去，记录用量。

（2）同时以水代替苯酚贮备液做空白试验，记录硫代硫酸钠标准溶液用量。

（3）苯酚贮备液浓度由式（8-8）计算：

$$苯酚（mg/mL）= \frac{(V_1 - V_2)C \times 15.68}{V} \tag{8-8}$$

式中　V_1——空白试验中消耗的硫代硫酸钠标准溶液体积（mL）；

　　　V_2——滴定苯酚贮备液时消耗的硫代硫酸钠标准溶液体积（mL）；

　　　V——苯酚贮备液体积（mL）；

　　　C——硫代硫酸钠标准溶液浓度（mol/L）；

　15.68——摩尔质量（$1/6\ C_6H_5OH$）（g/mol）。

3. 苯酚标准中间液

取适量苯酚贮备液，用水稀释至每毫升含0.010mg苯酚。使用时当天配置。

4. 溴酸钾—溴化钾标准参考溶液

$C(1/6\ KBrO_3) = 0.1mol/L$。称取2.784g溴酸钾（$KBrO_3$）溶于水，加入10g溴化钾（KBr）使溶解，移入1000mL容量瓶中，稀释至标线。

5. 碘酸钾标准溶液

$C(1/6\ KIO_3) = 0.0250mol/L$：称取预先经180℃烘干的碘酸钾0.8917g溶于水，移入1000mL容量瓶中，稀释至标线。

6. 硫代硫酸钠标准滴定溶液

$C(Na_2S_3O_3 \cdot 5H_2O) \approx 0.025mmol/L$：

（1）称取6.2g硫代硫酸钠溶于煮沸放冷的水中，加入0.2g碳酸钠，稀释至1000mL，临用前，用碘酸钾溶液标定。

（2）标定：分取 20.00mL 碘酸钾溶液置于 250mL 碘量瓶中，加水稀释至 100mL，加 1g 碘化钾，再加 5mL（1+5）硫酸，加塞，轻轻摇匀。置暗处放置 5min，用硫代硫酸钠溶液滴定至淡黄色，加 1mL 淀粉溶液，继续滴定至蓝色刚褪去为止，记录硫代硫酸钠溶液用量。

（3）按式（8-9）计算硫代硫酸钠溶液浓度（mol/L）：

$$C(\mathrm{Na_2S_2O_3 \cdot 5H_2O}) = \frac{0.0250 \times V_4}{V_3} \qquad (8-9)$$

式中　V_3——硫代硫酸钠标准滴定溶液滴定用量（mL）；

V_4——移取碘酸钾标准溶液量（mL）；

0.0250——碘酸钾标准溶液浓度（mol/L）。

7. 淀粉溶液

称取 1g 可溶性淀粉，用少量水调成糊状，加沸水至 100mL，冷却后，置冰箱内保存。

8. 缓冲溶液（pH 约为 10）

称取 20g 氯化铵（$\mathrm{NH_4Cl}$）溶于 100mL 氨水中，加塞，置冰箱内保存。

注：应避免氨挥发所引起 pH 值的改变，注意在低温下保存和取用后立即加塞盖严，并根据使用情况适量配制。

9. 2% 4-氨基安替比林溶液

称取 2g 4-氨基安替比林（$\mathrm{C_{11}H_{13}N_3O}$）溶于水，稀释至 100mL，置冰箱中保存。可使用一周。

注：固体试剂易潮解、氧化，宜保存在干燥器中。

10. 8% 铁氰化钾溶液

称取 8g 铁氰化钾 $\{\mathrm{K_3[Fe(CN)_6]}\}$ 溶于水，稀释至 100mL，置冰箱中保存，可使用一周。

（四）实验器材

超净工作台、高压蒸汽灭菌器、恒温振荡器、离心机、分光光度计、50mL 离心管、50mL 具塞比色管、三角瓶、移液管、试管等。

四、实验步骤

1. 分离与纯化

将活性污泥放入含有 100mL 培养基和 10mg 苯酚的 250mL 的锥形瓶中，然后放入转速为 120r/min、37℃的摇床上培养，培养 16h 后，从中取出 1mL 培养液放入含 20mg 苯酚的 100mL 培养基中，依次类推，增加苯酚的量至 50mg。将稀释后的培养液涂布到琼脂培养皿中，然后将单菌落取出，接入新的培养皿中，如此重复数次，以保证所获菌种的纯度，转接斜面保存备用并编号（如：JF01）。

2. 苯酚降解能力检测

（1）分别取苯酚降解菌斜面培养物（如：JF01）一环，加入 5 个含有 100mL 培养基和 10mg 苯酚的 250mL 的锥形瓶中，120r/min，37℃摇瓶培养。以不加菌的培养基作为对照。

（2）每隔 6h 取出 1 瓶培养液，将培养液移取至离心管中进行离心过滤，转速 8000r/min，时间 10min。离心结束，取上清液用微孔滤膜过滤。将滤液 121℃，20min 灭菌处理后，保留滤液备用。

（3）校准曲线的绘制

于一组 8 支 50mL 比色管中，分别加入 0mL、0.50mL、1.00mL、3.00mL、5.00mL、7.00mL、10.00mL、12.50mL 酚标准中间液，加水至 50mL 标线。加 0.5mL 缓冲溶液，混匀，此时 pH 值为 10.0±0.2，加 4-氨基安替比林溶液 1.0mL 混匀。再加 1.0mL 铁氰化钾溶液，充分混匀，放 10min 后立即于 510nm 波长，用光程为 20mm 比色皿，以水为参比，测量吸光度。经空白校正后，绘制吸光度对苯酚含量（mg）的校准曲线，见式（8-10）。

（4）取适量滤液于 50mL 比色管中，稀释至 50mL 标线。按与绘制标准曲线相同的方法显色，测定吸光度，最后减去空白试验所得吸光度，

$$苯酚(mg/L) = \frac{m}{V} \tag{8-10}$$

式中　m——由水样的校正吸光度，由标准曲线查得的苯酚含量（μg）；

　　　V——移取滤液量（mL）。

注：如水样苯酚含量较高，需要稀释，则计算时应乘以稀释倍数。

五、实验报告

（一）实验结果

1. 描述分离出的苯酚降解微生物的形态。

2. 将微生物降解苯酚的实验结果填入下表。

培养时间(d)	0	3	6	9	12	15
吸光度（OD_{510}）						
苯酚残余量(mg/L)						

3. 以时间为横坐标，苯酚残余量为纵坐标，用 excel 软件绘制苯酚降解曲线。

（二）思考题

对实验结果与存在的问题进行总结与简要分析。

实验四十三　微生物细胞固定化包埋及其在污染物降解中的应用

一、实验目的

1. 掌握微生物细胞固定化的原理与方法。

2. 了解微生物细胞固定化在实践中的应用。

二、实验原理

固定化微生物技术（immobilized microorganisms，IMO）是现代生物工程领域中的一项新兴技术，是通过化学或物理手段将游离细胞或酶定位于限定的空间区域内，使之保持活性并可反复利用的方法。废水处理中常用的固定化微生物制备方法主要有：结合法、吸附法、包埋法、共价键法和交联法等。结合法是利用载体与微生物之间的范德华力将微生物

吸附在载体表面而固定化的方法。吸附法包括物理吸附和离子吸附两类，物理吸附是使用具有高度吸附能力的硅胶、活性炭等吸附剂将微生物吸附到表面使之固定化；离子吸附是微生物在解离状态下，因静电引力的作用而固着于带有相异的离子交换剂上。包埋法是将微生物包埋在凝胶的微小格子或微胶囊等有限的空间内，微生物被限制在该空间内不能离开，而底物和产物能自由地进出这个空间。共价键法是微生物细胞表面上的功能团与固相支持物表面的反应基团之间形成的化学共价键连接而形成固定化微生物。交联法是利用两个功能团以上的试剂直接与微生物细胞表面的反应基团如氨基等进行交联，形成共价键来固定微生物。

包埋法是目前使用最广泛的固定化方法，本实验所采用的微生物细胞固定化方法就是包埋法。该法操作简单，能保持多酶系统，对细胞活性影响较小，制作的固定化载体机械强度相对较高，传质性能较好。包埋法使用的多孔载体有 K-角叉胶、胶原、琼脂糖、果胶、海藻酸盐、聚苯乙烯、二乙酸纤维素、环氧树脂、聚丙烯酰胺、聚亚胺酯、聚酯等，其中以海藻酸盐、角叉胶和聚丙烯酰胺最为常用。

目前已有的研究报告表明，固定化细胞对于底物的耐受性和降解效率明显要高于游离细胞。然而，在几种固定化细胞中，S. Sanjeev Kumara 等人发现聚乙烯醇（PVA）-藻酸盐固定化细胞对 DMF 的降解效率比固定在单一基质中时要高得多。PVA 具有高交联度和韧性，有助于珠状颗粒的稳定性和机械强度；而藻酸盐减少了聚集的同时增强了表面特性，有助于减少聚集成团。

三、实验材料

（一）菌体材料
污水中分离的苯酚降解菌。

（二）培养基
1. 牛肉膏蛋白胨培养基。

2. 苯酚降解测定培养基：KH_2PO_4 0.9g，$Na_2HPO_4 \cdot 12H_2O$ 6.5g，$MgSO_4 \cdot 6H_2O$ 0.2g，$(NH_4)_2SO_2$ 0.4g，牛肉膏 30mg，蒸馏水 1L。pH 控制在 7.5 左右，在灭菌后的培养基中加入苯酚，使苯酚含量为 500mg/L。

（三）试剂
葡萄糖，海藻酸钠，聚乙烯醇（PVA），磷酸缓冲液（50mmol/L，pH = 7.0），硼酸，无菌水。

（四）实验器材
超净工作台、高压蒸汽灭菌器、离心机、分光光度计、离心管、具塞比色管、三角瓶、移液管、试管、带玻璃喷嘴的小塑料瓶等。

四、实验步骤

1. 离心收获细胞

取 1L 在牛肉膏蛋白胨液体培养基中培养 48h，处于对数生长前期的苯酚降解菌培养液，在 4℃ 下 8000r/min 离心 15min。细胞固定以前先用磷酸缓冲液清洗细胞 2 次（50mmol/L，pH = 7.0）。

2. 细胞固定化

（1）单一基质固定细胞

取 10mL 的细胞悬液加入到无菌烧杯中，温和搅拌，缓慢添加藻酸盐溶液（3%，w/v）至藻酸盐终浓度到 2.5%（w/v）。通过带玻璃喷嘴的小塑料瓶将藻酸盐细胞混合液挤入到无菌低温 0.2mol/L 的氯化钙溶液中，使藻酸盐固定化细胞呈珠状颗粒。珠状颗粒（2~3mm）转入新的 0.2mol/L 的氯化钙溶液中，搅拌 2h 使其变坚硬。用无菌水清洗珠状颗粒 3 次，冰箱保存备用。

（2）聚乙烯醇（PVA）-藻酸盐混合基质固定细胞

用 PVA-藻酸盐混合基质固定细胞时，将无菌的 PVA（4.5%，w/v）和藻酸盐（2%，w/v）溶液加入到 10mL 细胞悬液中，搅拌均匀。通过带玻璃喷嘴的小塑料瓶将细胞与基质混合液挤入到含 0.2mol/L 氯化钙的低温无菌的饱和硼酸溶液中。温和搅拌 2h，将小珠子彻底清洗后冰箱保存备用。

3. 固定化细胞降解苯酚试验

两种基质的固定化细胞分别加入到 100mL 苯酚降解测定培养基中 30℃ 培养。参照"实验四十二　苯酚降解微生物的分离及除苯酚能力的测定"中降解苯酚能力的测定方法，定时测定培养基中苯酚含量。无细胞的珠状颗粒接种到苯酚降解测定培养基中作为对照，研究其对苯酚的吸附性能。一旦苯酚彻底降解，就将培养基倒出，然后添加新的苯酚降解测定培养基，以此检测固定化细胞凝胶颗粒的可重复使用性。重复添加几次培养基，并通过量化每克珠状颗粒降解苯酚的数量来计算苯酚的降解效率。

五、实验报告

（一）实验结果

（1）包埋颗粒可重复使用性如何？

（2）将包埋颗粒降解苯酚的实验结果填入下表。

（3）以时间为横坐标，溶液中苯酚残余量为纵坐标，用 excel 软件绘制两种固定化细胞的苯酚降解曲线。并比较二者降解效果有何不同。

培养时间(d)	0	3	6	9	12	15
单一基质固定细胞吸光度(OD_{510})						
单一基质固定细胞苯酚残余量(mg/L)						
PVA-藻酸盐混合基质固定细胞吸光度(OD_{510})						
PVA-藻酸盐混合基质固定细胞苯酚残余量(mg/L)						

（二）思考题

微生物细胞固定化技术有哪些特点？

附 录

附录一 常用染色液的配制

1. 普通染色液

（1）吕氏（Loeffler）美蓝染色液

1）溶液 A：美蓝 0.6g，体积分数 95% 的乙醇 30mL。

2）溶液 B：KOH 0.01g，蒸馏水 100mL。

分别配制溶液 A 和溶液 B，配好后混合即可。

（2）齐氏（Zehl）石炭酸品红染色液

1）溶液 A：碱性品红 0.3g（或 1g），体积分数 95% 的乙醇 10mL。将碱性品红在研钵中研磨后，逐渐加入体积分数 95% 的乙醇。继续研磨使之溶解，配成溶液 A。

2）溶液 B：石炭酸 5g，蒸馏水 95mL。将溶液 A 和溶液 B 混合即可。使用时将混合液稀释 5~10 倍，稀释液易失效，一次不宜多配。

2. 革兰氏染色液

（1）草酸铵结晶紫染色液

1）溶液 A：结晶紫 2g，体积分数 95% 的乙醇 20mL。

2）溶液 B：草酸铵 0.8g，蒸馏水 80mL。

将溶液 A 和溶液 B 混合即成。

（2）路哥氏（Lugol）碘液（革兰氏染色用）

碘 1g，碘化钾 2g，蒸馏水 300mL。先将碘化钾溶于少量蒸馏水，再将碘溶解在碘化钾溶液中，然后加入其余的水即成。

（3）番红复染液

番红 2.5g 溶于体积分数 95% 的乙醇 100mL 中，取 20mL 番红乙醇溶液与 80mL 蒸馏水混合即成番红复染液。

3. 芽孢染色液

（1）孔雀绿染色液

孔雀绿 7.6g，蒸馏水 100mL。

（2）番红水溶液

番红 0.5g，蒸馏水 100mL。

4. 荚膜染色液

（1）石炭酸品红（配制方法同普通染色液）。

（2）黑色素水溶液

黑色素 5g，蒸馏水 100mL，福尔马林（体积分数 40% 的甲醛）0.5mL。将黑色素在蒸馏水中煮沸 5min，然后加入福尔马林作防腐剂。

5. 鞭毛染色液

（1）溶液 A：丹宁酸（即鞣酸）5g，甲醛（体积分数 15%）2mL，FeCl₃1.5g，NaOH（质量浓度 10g/L）1mL，蒸馏水 100mL。

最好当日配制，次日使用效果差。

（2）溶液 B：AgNO₃2g，蒸馏水 100mL。

待 AgNO₃ 溶解后，取出 10mL 备用，向其余的 90mL AgNO₃ 溶液中慢慢滴入浓 NH₄OH 形成很浓厚的悬浮液，再继续滴加 NH₄OH，直到新形成的沉淀又刚刚重新溶解为止。再将备用的 10mL AgNO₃ 慢慢滴入，则出现薄雾，轻轻摇动后薄雾状沉淀又消失，再滴入 AgNO₃，直到摇动后仍呈轻微而稳定的薄雾状沉淀为止。如雾不重，此染色剂可使用一周。如果雾重则银盐沉淀出，不宜使用。

6. 乳酸石炭酸棉蓝染色液

石炭酸 10g，蒸馏水 10mL，乳酸（密度 1.21g/cm³）10mL，甘油 20mL，棉蓝 0.02g。将石炭酸加在蒸馏水中加热，直到溶解后加入乳酸和甘油，最后加入棉蓝使之溶解即成。

7. 聚 β-羟基丁酸染色液

（1）质量浓度 3g/L 的苏丹黑

将苏丹黑 0.3g 和体积分数为 70% 的乙醇 100mL 混合后用力振荡，放置过夜备用，用前最好过滤。

（2）退色剂　二甲苯。

（3）复染液 50g/L 番红水溶液。

8. 异染颗粒染色液

（1）甲液：体积分数 95% 乙醇 2mL，甲苯胺蓝 0.15g，冰醋酸 1mL，孔雀绿 0.2g，蒸馏水 100mL。先将染料溶于乙醇中，向染料液中加入事先混合的冰醋酸和水，放置 24h 后过滤备用。

（2）乙液：碘 2g，碘化钾 3g，蒸馏水 300mL。

附录二　常用培养基的配制

1. 肉汤蛋白胨培养基

肉汤蛋白胨培养基的配制见"实验一"培养基的配制与灭菌。

2. LB（Lucia-Bertani）培养基

（1）成分

胰蛋白胨 10g，NaCl 5g，酵母膏 10g，蒸馏水 1000mL（pH=7.2）。

（2）灭菌条件

0.105MPa，121℃，20min。

3. 查氏培养基

（1）成分

NaNO₃ 2g，MgSO₄ 0.5g，琼脂 15~20g，K₂HPO₄ 1g，FeSO₄ 0.01g，蒸馏水 1000mL，KCl 0.5g，蔗糖 30g（pH 自然）。

（2）灭菌条件

0.072MPa，115℃，20min。

4. 马铃薯培养基

（1）成分

马铃薯 200g，蔗糖（葡萄糖）20g，琼脂 15～20g，蒸馏水 1000mL，pH 自然。

（2）制法

马铃薯去皮、切块煮沸 0.5h，然后用纱布过滤，再加糖及琼脂，融化后补充水至 1000mL。

5. 淀粉琼脂培养基（高氏 1 号）

（1）成分

可溶性淀粉 20g，$FeSO_4$ 0.5g，KNO_3 1g，琼脂 20g，NaCl 0.5g，K_2HPO_4 0.5g，$MgSO_4$ 0.5g，蒸馏水 1000mL（pH=7.0～7.2）。

（2）灭菌条件

0.105MPa，121℃，20min。

（3）制法

配制时先用少量冷水将淀粉调成糊状，在火上加热，然后加水及其他药品，加热溶化并补充水分至 1000mL。

6. 麦芽汁培养基

（1）制法

1）取大麦或小麦若干，用水洗净，浸水 6～12h，置 15℃ 阴暗处发芽。盖上纱布一块，每日早、中、晚淋水 1 次。麦根伸长至麦粒的 2 倍时，即停止发芽。摊开晒干或烘于，储存备用。

2）将干麦芽磨碎，1 份麦芽加 4 份水，在 65℃ 水浴锅中糖化 3～4h（糖化程度可用碘滴定之）。

3）将糖化液用 4～6 层纱布过滤，滤液如浑浊不清，可用鸡蛋澄清法处理：用一个鸡蛋的蛋白加 20mL 水，调匀至生泡沫，倒入糖化液中搅拌煮沸后再过滤。

4）将滤液稀释到 5～6 波美度，pH 约 6.4，加入 20g/L 琼脂即可。

（2）灭菌条件

0.105MPa，121℃，20min。

7. 明胶培养基

（1）成分

蛋白胨肉汤液 100mL，明胶 12～15g（pH=7.2～7.4）。

（2）制法

在水浴锅中将上述成分溶化，不断搅拌，调 pH=7.2～7.4，如果不清可用鸡蛋澄清法澄清，过滤。一个鸡蛋可澄清 1000mL 明胶液。

8. 蛋白胨培养基

（1）成分

蛋白胨 10g，NaCl 5g，蒸馏水 1000mL（pH=7.6）。

（2）灭菌条件

0.105MPa，121℃，20min。

9. 亚硝化细菌培养基

（1）成分

（NH₄）₂SO₄ 2g，MgSO₄·7H₂O 0.03g，NaH₂PO₄ 0.25g，CaCO₃ 5g，K₂HPO₄ 0.75g，MnSO₄·4H₂O 0.01g，蒸馏水 1000mL（pH＝7.2）。

（2）灭菌条件

0.105MPa，121℃，20min。

（3）测试方法

培养亚硝化细菌 2 周后，取培养液于白瓷板上，加格利斯试剂甲、乙液（见"10. 硝化细菌培养基"）各 1 滴，呈红色证明有亚硝酸盐存在，有亚硝化作用。

10. 硝化细菌培养基

（1）成分

NaNO₃ 1g，MgSO₄·7H₂O 0.03g，K₂HPO₄ 0.75g，MnSO₄·4H₂O 0.01g，NaH₂PO₄ 0.25g，NaCO₃ 1g，蒸馏水 1000mL。

（2）灭菌条件

0.105MPa，121℃，20min。

（3）测试方法

培养硝化细菌 2 周后，先用格利斯试剂测定，不呈红色时再用二苯胺试剂测试，若呈蓝色表明有硝化作用。

（4）格利斯试剂（测亚硝酸用）

溶液甲：称取磺胺酸 0.5g，溶于 150mL 30% 的醋酸溶液中，保存于棕色瓶内。

溶液乙：称取 α-萘胺 0.5g，加入 50mL 蒸馏水中，煮沸后缓缓加入 30% 的醋酸溶液 150mL，保存于棕色瓶内。

11. 反硝化细菌培养基

（1）成分

1）培养基 1：蛋白胨 10g，KNO₃ 1g，蒸馏水 1000mL，pH7.6。

2）培养基 2：柠檬酸钠（或葡萄糖）5g，KH₂PO₄ 1g，KNO₃ 2g，K₂HPO₄ 1g，MgSO₄·7H₂O 0.2g，蒸馏水 1000mL（pH 7.2～7.5）。

（2）灭菌条件

0.105MPa，121℃，20min。

（3）测试方法

用奈氏试剂及格利斯试剂测定有无 NH₃ 和 NO₂⁻ 存在。若其中之一或二者均呈正反应，均表示有反硝化作用。若格利斯试剂为负反应，再用二苯胺测试，亦为负反应时，表示有较强的反硝化作用。

（4）奈氏试剂（测氨用）

1）溶液甲：碘化钾 10.0g，蒸馏水 100mL，碘化汞 20.0g。

2）溶液乙：氢氧化钾 20.0g，蒸馏水 100mL。

分别配制甲、乙两溶液，待冷却后混合，保存于棕色瓶内。

12. 反硫化细菌培养基

（1）成分

乳酸钠（亦可用酒石酸钾钠）5g，MgSO₄·7H₂O 2g，K₂HPO₄ 1g，天门冬素 2g，FeSO₄·7H₂O 0.01g，蒸馏水 1000mL。

（2）测试方法

培养 2 周后，加质量浓度 50g/L 柠檬酸铁 1~2 滴，观察是否有黑色沉淀，如有沉淀，证明有反硫化作用。或在试管中吊一条浸过醋酸铅的滤纸条，若有 H_2S 生成则与醋酸铅反应生成 PbS 沉淀（黑色），使滤纸条变黑。

13. 球衣菌培养基

（1）成分

Trypticase 1g，琼脂 20g（若配成液体培养基则不加琼脂），蒸馏水 1000mL（pH=7）。

（2）灭菌条件

0.105MPa，121℃，20min。

14. 藻类培养基（水生 4 号培养基）

（1）成分

Ca $(H_2PO_4)_2 \cdot H_2O + 2$ $(CuSO_4 \cdot 7H_2O)$ 0.03g，$(NH_4)_2SO_4$ 0.2g，$MgSO_4 \cdot 7H_2O$ 0.08g，$NaHCO_3$ 0.1g，KCl 0.025g，$FeCl_3$（1%）0.15mL，水 1000mL，土壤浸出液 0.5mL。

（2）制法

$FeCl_3$ 与其他盐类分开溶解，最后溶入培养基。土壤浸出液是采用熟园土 1 份与水 1 份等质量混合，静置过夜过滤，高压灭菌后保存于暗处。

附录三　Biolog 微生物鉴定培养基种类及接种液的配置

一、BUG+B 培养基

1. 取一个容器，按量称取 BUG 培养基，如需配制 1000mL 培养基，方法如下：57g BUG 琼脂培养基，950mL 纯净水、蒸馏水或去离子水。

2. 煮沸溶解。

3. 冷却后调整 pH 值至 7.3+0.1（25℃）。

4. 121℃灭菌 15min。

5. 冷却至 45~50℃。

6. 加 50mL 新鲜的脱纤羊血（血球浓度至少为 40%），摇匀。

7. 倒平板。

二、BUG+M 培养基的制备

1. 除加水量为 990mL 纯净水外，第 1~5 步与 BUG+B 相同。

2. 加 10mL 已灭菌的麦芽糖（浓度 25%）。

3. 倒平板。

三、BUG 培养基的制备

1. 取一个容器，按量称取 BUG 培养基，如需配制 1000mL 培养基，方法如下：57g BUG 琼脂培养基，1000mL 纯净水、蒸馏水或去离子水。

2. 煮沸溶解。

3. 冷却后调整 pH 值至 7.3+0.1（25℃）。

4. 121℃灭菌 15min。

5. 冷却至 45~50℃。

6. 倒平板。

四、BUA+B 培养基的制备

1. 取一个容器，按量称取 BUA 培养基，如需配制 1000mL 培养基，方法如下：51.7g BUA 琼脂培养基，950mL 纯净水、蒸馏水或去离子水。

2. 用无氧的氮气吹洗下，轻微煮沸，搅拌以溶解琼脂和其他组分。

3. 冷却后调整 pH 值至 7.2+0.1（25℃）。

4. 121℃灭菌 15min。注意盖紧瓶盖，防止氧气进入。

5. 在无氧的氮气保护下，冷却至 45~50℃。

6. 加 50mL 新鲜的脱纤羊血，摇匀。

7. 在厌氧环境中倒平板。

五、BUY 培养基的制备

1. 取一个容器，按量称取 BUY 培养基，如需配制 1000mL 培养基，方法如下：60g BUY 琼脂培养基，1000mL 纯净水、蒸馏水或去离子水。

2. 煮沸溶解。

3. 冷却后调整 pH 值至 5.6+0.4（25℃）。

4. 121℃灭菌 15min。

5. 冷却至 45~50℃。

6. 倒平板。

六、2%麦芽汁琼脂培养基的制备

1. 取一个容器，方法如下：20g Oxoid 麦芽汁提取物（#LP0039B），18g 优质琼脂，1000mL 纯净水、蒸馏水或去离子水。

2. 煮沸溶解。

3. 冷却后调整 pH 值至 5.5+0.2（25℃）。

4. 121℃灭菌 15min。

5. 冷却至 45~50℃。

6. 倒平板。

七、GN/GP-IF

用于好氧细菌和厌氧菌鉴定时配制菌悬液。

配方如下：0.40% sodium chloride（NaCl）氯化钠（维持渗透压）。0.03% Pluronic F-68（e.g., Sigma#P7061），聚醚 F-68 是一种非离子表面活性剂，可降低表面张力，使菌体易于分散在水中。0.02% Gellan Gum（e.g., Phytagel™, Sigma#P8169）（吉冷胶），吉冷胶是一种食用胶，可增大液体黏度，使菌体均匀分散不易沉降。

·制备过程如下：

1. 加 0.2g Gellan Gum 至 1.0L 水中。

2. 煮沸并持续搅拌，直至 Gellan Gum 完全溶解。

3. 停止加热，继续搅拌。

4. 加 4g NaCl，搅拌至完全溶解。

5. 加 0.3g 聚醚 F-68，搅拌至完全溶解。

6. 分装到 20mm×150mm 的试管中，每管装 19mL 左右。

7. 在 121℃ 下灭菌 30min，备用。

八、FF-IF

用于鉴定丝状真菌时配制菌悬液用，配方如下：0.03% Tween 40 （e. g.，Sigma#P1504），0.25% Gellan Gum （e. g.，Phytagel™，Sigma#P8169）（吉冷胶）。

诊断图谱——活性污泥中常见原生及微型后生动物图谱

一、菌胶团

菌胶团是大量细菌之间按一定的排列方式互相粘集在一起，被一个公共荚膜包围形成的一定形状的细菌集团，是活性污泥和生物膜的重要组成部分，有较强的吸附和氧化有机物的能力，能够为原生动物和微型后生动物提供良好的生存环境，在水生物处理中具有重要作用。活性污泥性能的好坏，主要可根据所含菌胶团多少、大小及结构的紧密程度来确定。新生胶团（即新形成的菌胶团）颜色较浅，甚至无色透明，但有旺盛的生命力，氧化分解有机物的能力强。老化了的菌胶团，由于吸附了许多杂质，颜色较深，看不到细菌单体，而像一团烂泥似的，生命力较差。一定菌种的细菌在适宜环境条件下形成一定形态结构的菌胶团，而当遇到不适宜的环境时，菌胶团就发生松散，甚至呈现单个细菌，影响处理效果。因此，为了使水处理达到较好的效果，要求菌胶团结构紧密，吸附、沉降性能良好。这就必须满足菌胶团细菌对营养及环境的要求。

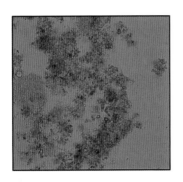 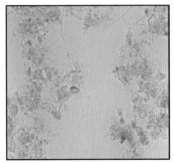

二、丝状细菌

1. 球衣菌属 (*Sphaerotilus*)

球衣菌的长丝状体略微弯曲或挺直。丝状体粗 $1.0\sim1.4\mu m$，长 $500\mu m$ 以上。丝状体带衣鞘，衣鞘中眉毛状的杆菌并行排列。球衣菌繁殖时眉毛状细胞先增殖，周围的衣鞘之后形成。球衣菌的特征之一是形成假分支。假分支只有在增殖期能观察到。

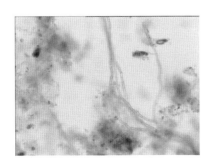 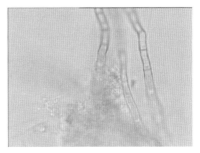

2. 贝氏硫细菌（*Beggiatoa*）

贝氏硫细菌是不带分支的丝状体，细胞内含有大量硫黄粒子时做滑行运动，容易识别。溶解氧增加，硫黄粒子一消失就停止滑行，进入能看得见隔膜的休眠状态。贝氏硫细菌丝状体粗 1.0~3.0μm，长 100~500μm。贝氏硫细菌是一种硫黄细菌，通过代谢硫化氢获得能量。在曝气池中贝氏硫细菌不会增殖，但在反应池内存在无溶解氧过程的厌氧—好氧活性污泥法及间歇式活性污泥法运行过程中大多能观察到。

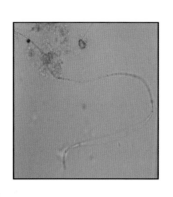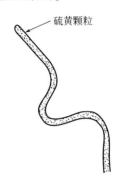

三、原生动物

1. 沟滴虫属（*Petalomonas*）

沟滴虫体长 22~25μm，呈扁平的卵圆形，虫体中央有咽头。从头项部的咽头附近伸出鞭毛，将鞭毛倾斜着，尖端小幅度摆动游泳。虫体变更游泳方向时，把鞭毛倾斜方向一下从基部移动到前进方向。

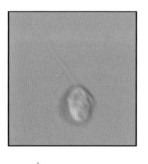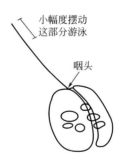

2. 袋鞭毛虫（*Peranema*）

袋鞭毛虫是植物性鞭毛虫类，体长 20~70μm。虫体呈纵向长、底边短的等边三角形，在头顶粗鞭毛的基部近旁有咽头。伸出鞭毛，鞭毛的尖端颤动着游泳。

3. 变形虫（*Amoeba*）类

变形虫有小型和大型两类，小型变形虫体长 50~150μm，大型变形虫体长 50~150μm。变形虫不断变化着外形摩擦移动。虫体透明难以判别，有时候变形为一滩不规则胶体，有时变性为长杆状或椭圆。需要仔细观察，与周围菌胶团区别才能判断。变形虫主要捕食细菌类，也捕食原生动物。

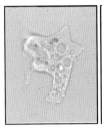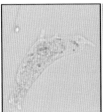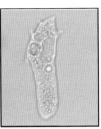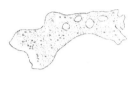

4. 草履虫属（*Paramecium*）

虫体长 100~300μm，体纤毛均匀，外质有刺丝泡，大核一个。伸缩泡通常有 2 个，其周围有辐射管。

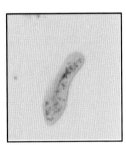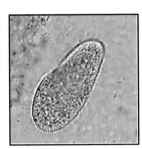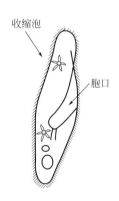

5. 太阳虫属（*Actinophrys*）

虫体体型较小，通常 20~70μm。整体呈现圆球形，球体表面有较多圆形小泡构成。通体向四周辐射细丝状吸管，像太阳的光芒四射。

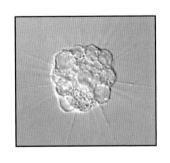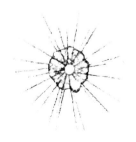

6. 漫游虫属（*Litonotus*）

漫游虫体长 100μm 左右，体形呈壶状，有细长而扁平的头。体长的一半是头部，圆形的一侧有被长纤毛覆盖的胞口，相反一侧有短纤毛。相对虫体胞口大，不仅游离细菌，也捕食所有进入口中的原生动物、小虫类。刚捕食小虫类其腹部呈圆形，头部变得不明显，有时难以识别。

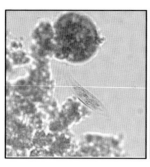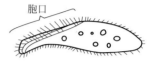

7. 裂口虫属（*Amphileptus*）

裂口虫体形呈壶状，体长 100～150μm。虫体前端细后端粗与漫游虫相似。不同的是头部两侧的纤毛长度相同，又比较短。漫游虫胞口上有长纤毛，裂口虫覆盖全身的纤毛长度相同。收缩泡并行 2 列，大多数都有，这是裂口虫的特征。

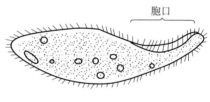

8. 赭纤虫属（*Blepharisma*）

赭纤虫体长 100～200μm，大多呈有特征的粉红色，但也存在无色的个体。虫体细长，有达到体长一半大小的口围部。口围部有大的波动膜。

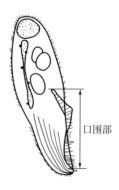

9. 旋口虫属（*Spirostomum*）

旋口虫呈扁平的短尺形，体长 800～1500μm 认为是污水处理中出现的最大的原生动物。虫体后部具有特征的收缩泡，因有透明感容易识别。

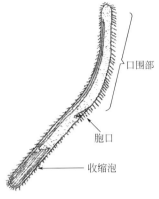

口围部

胞口

收缩泡

10. 前管虫属 (*Prorodon*)

前管虫呈长椭圆形，虫体大，体长 100~150μm，慢速旋转着游泳。虫体头顶部有吸管状的咽头，咽头的前端有胞口。饵料从胞口摄入，刚捕食原生动物等大虫体，因受捕食生物的影响，有时能观察到体形发生变形的前管虫。

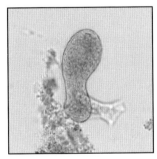
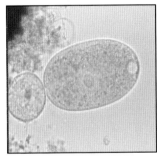
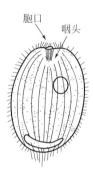

胞口 咽头

11. 盾纤虫属 (*Aspidisca*)

盾纤虫体长 30~60μm，呈卵圆形，腹面扁平，背面有隆起。隆起数因种类不同而异，也有隆起不明显背面看似平的种类。表膜坚硬而无屈伸性。在虫体腹面分布着刚毛（纤毛集结状的毛）。盾纤虫围绕絮体旋转着，用腹面的刚毛扒取絮体周边的细菌捕食。

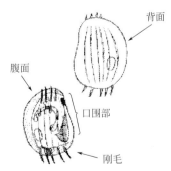

背面

腹面

口围部

刚毛

12. 游仆虫属 (*Euplotes*)

游仆虫体长 80~115μm，呈扁平的长椭圆形或卵圆形，腹面平坦而背面隆起。有从前端开始达到体长 1/3 宽的口围部。虫体的前面和后面有多根刚毛。在水中快速游泳，但捕食时停留在絮体表面或水中。

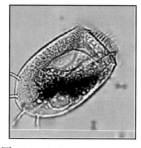
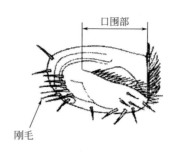

刚毛

13. 足吸管虫属（Podophrya）

体圆球形或卵圆形，柄坚实，体无鞘，乳头状的和触手状的吸管均匀分布于全身或成簇分布。

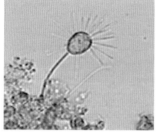

吸管

尾柄

14. 锤吸管虫（Tokophrya）

锤吸管虫体呈倒梨形或角锥形，无鞘，体长 50～130μm，虫头顶有吸管，通常吸管呈束状，用吸管吮吸原生质，或捕捉游泳的小虫体。尾柄细长，虫体无表壳。

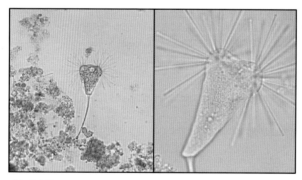
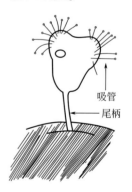

吸管
尾柄

15. 钟虫属（Vorticella）

柄不分枝，单体，柄螺旋收缩，表膜有横纹。大核一个，伸缩泡 1 个或 2 个。受到刺激或状态变得不适应时会收缩，口围部常常会闭合。

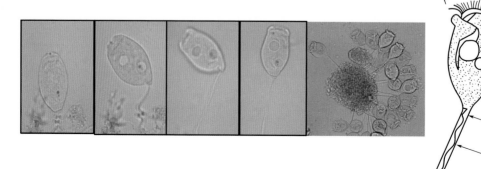

口围部

肌丝

尾柄

16. 单柄虫属 （*Haplocaulus*）

与钟虫属相似，不形成群体，主要区别是肌丝在柄鞘的中部且直。虫体前吸器发达，由一对近圆形的头吸盘及包围其外的两个荷叶状翼膜组成。

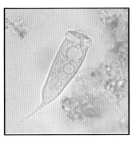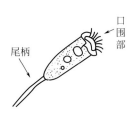

17. 盖纤虫属 （*Opercuiaria*）

盖纤虫形成由分枝尾柄相连的群体，体长 30~250μm，尾柄中无肌丝。尾柄中无肌丝与等枝虫相同，不同的是胞口的小口部圆盘从口围部开始斜向突出，尾柄细。虫体多时形成圆形的群体。有时形成尾柄变得极短，有无肌丝不能分辨的群体。

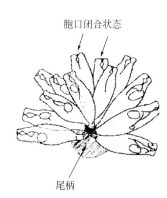

18. 等枝虫属 （*Epistylis*）

等枝虫形成半圆状的群体，体长 50~1000μm，尾柄中无肌丝。与盖纤虫不同的是有非常大而平坦的口围部，无胞口的突出部分，尾柄粗，大多尾柄变得非常长。

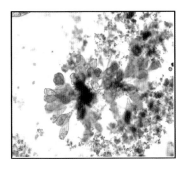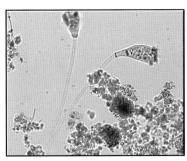

19. 匣壳虫属 （*Centropyxis*）

匣壳虫也是有壳变形虫，体长 120~150μm。有时壳表面粘有砂粒、硅酸质碎片。口孔远离壳中央，在壳的侧面。壳上有 2~10 根尖突。

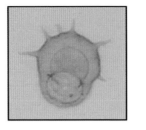
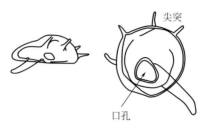

20. 磷壳虫属 （*Euglypha*）

磷壳虫呈卵圆形，体长 30~200μm，具有透明有规则的硅酸质鳞片或小板块构成的壳，有的壳上有尖突。运动、捕食时伸出丝状的伪足。

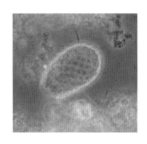

21. 胞囊 （*cyst*）

胞囊是原生动物或低等后生动物在逆境条件下，分泌的坚固厚膜包于体表，使本身暂时处于休眠状态。

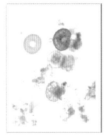

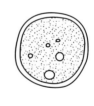

四、微型后生动物

1. 线虫 （*Nematoda*）

线虫属于线虫类，像蚯蚓一样做卷曲运动，体型较大，成熟个体体长可达 500μm 以上。线虫的体型适合潜入到堆积污泥中，适宜有大量堆积污泥时生存。

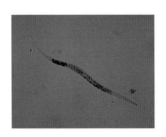
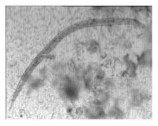

2. 轮虫属 (*Rotaria*)

轮虫属于多细胞小动物的小昆虫类,体长 500~800μm。充分伸展时,头部类似猪吻状突起非常明显,在吻状突起上有眼点,很容易识别。有时候又缩回吻状突起,很容易观察到两个像轮盘状的纤毛环。

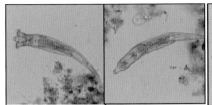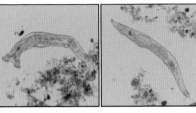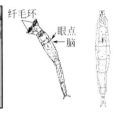

3. 鞍甲轮虫属 (*Lepadella*)

鞍甲轮虫体长 120~200μm,横向看背中间有甲壳,趾从腹侧长出,趾的前端分成 2 根。趾的根数与腔轮虫相同,但腔轮虫的背中间没有甲壳,趾可 360° 自由转动。相反,鞍甲轮虫只有腹面可动,不能将趾抬到背中央一侧。

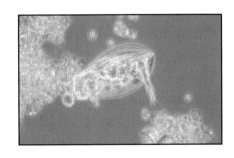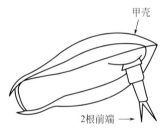

4. 鼬虫属 (*Chaetonotus*)

鼬虫体长 200~250μm,是多细胞动物中的一种小动物,日本名称鼬鼠虫。头部圆形,有两对刚毛束,尾突也分成两根。全身被毛覆盖。游泳速度非常快,虫体有特征容易识别。

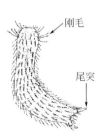

5. 水熊 (*Macrobiotus*)

一般不超过 1mm 长,有 1 个头节及 4 个躯节,有 4 对腿从躯部伸出,腿有爪,头节中有脑,分出两纵条的腹神经索,每条腹神经索有 4 个神经节,口在顶端偏向腹面。前肠有 2 个分泌腺及排泄腺(颊腺)以及钙质的可伸出的蜇及吸吮的咽,后肠开口于腹肛门。卵巢是不成对的囊,输卵管开口于腹面或通向直肠,有 3 个直肠腺。无呼吸及循环系统。雌雄异体，是卵生的，直接发育。

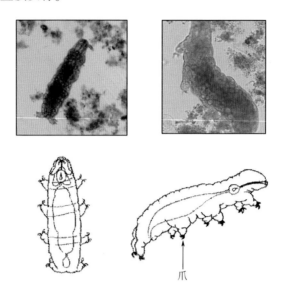

6. 红斑颚体虫（*Aeolosma hemprichii*）

红斑颚体虫体长 1000μm 以上，整个虫体上有从橙色到红色或绿色的油滴，虫体的周围有 3~5 根刚毛束。因颜色和刚毛明显容易识别。出现环境在有污泥堆积或死水区存在时能观察到，但有时负荷低、曝气量少的场合，即使无污泥堆积区也能观察到。

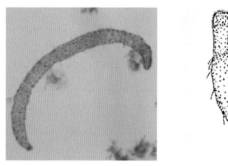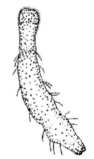

7. 仙女虫（*Nais*）

仙女虫与颚体虫一样栖息在污泥堆积和死水区，虫体长 3~7mm，虫体周围有刚毛，虫体外侧的刚毛尖端两分叉，呈中心圆的 S 形。即使虫体不能辨认，根据刚毛有可能识别。出现环境与颚体虫一样，存在于低负荷运行时曝气池的死水区及污泥堆积区。

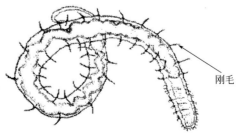

刚毛

8. 水螨

属节肢动物门的蛛形纲，体长可达 $500 \sim 900 \mu m$，宽可达 $500 \mu m$，体呈卵圆形，无明显分节，共有 6 对附肢。第一对附肢在口前，叫螯肢或上颚，由 2~3 节构成，有螯形的末节，第二对附肢叫须肢或下颚，呈多节的足状，为捕食及触觉之用；其余 4 对是步足，每个步足分 6 节（精节、基腿节、腿节、膝节、胫节、跗节）。在这些步足的节上，有十分长的、柔软的成丛或成行的刚毛，这 4 对步足从腹面的 4 对后侧片上伸出。背腹面均有几对腺体，在腹面的后侧片之间或之后有生殖孔，外有生殖瓣瓮中保护。

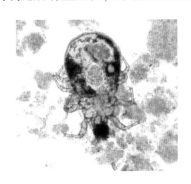

参 考 文 献

[1] 周群英等. 环境工程微生物学（第二版）. 北京：高等教育出版社，2000.

[2] 王国惠. 环境工程微生物学实验. 北京：化学工业出版社，2011.

[3] 刘永军. 水处理微生物学基础与技术应用. 北京：中国建筑工业出版社，2010.

[4] 袁林江. 环境工程微生物学. 北京：化学工业出版社，2011.

[5] 丁文川，叶姜瑜，何冰. 水处理微生物实验技术. 北京：化学工业出版社，2011.

[6] 沈萍，范秀容，李广斌. 微生物实验（第三版）. 北京：高等教育出版社，2006.

[7] 朱旭芬. 现代微生物学实验技术. 杭州：浙江大学出版社，2011.

[8] 赵斌，林会，何绍江. 微生物学实验（第二版）. 北京：科学出版社，2014.

[9] 王兰，王忠. 环境微生物学实验方法与技术. 北京：化学工业出版社，2009.

[10] 日本株式会社西原环境著，赵庆祥，长英夫译. 污水处理的生物相诊断. 北京：化学工业出版社，2012.

[11] 马放，杨基先，魏利. 环境微生物图谱. 北京：中国环境科学出版社，2010.

[12] 国家环境保护总局《水和废水监测分析方法》编委会. 水和废水监测分析方法（第四版）. 北京：中国环境科学出版社，2002.

[13] 魏霞，周俊利，谢柳，等. 苯酚降解菌 CM-HZX1 菌株的分离、鉴定及降解性能研究. 环境科学学报，2016，36（9）：3193-3199.

[14] 南亚萍，袁林江，何志仙，等. 生物除磷过程中活性污泥聚磷酶活性的变化. 中国给水排水，2012，28（9）：26-29.

[15] 孙远军，聂麦茜，黄廷林. 石油降解优势菌的筛选和降解性能. 水处理技术，2007，33（8）：47-49.

[16] 杨浩锋，唐佳玮，胡安辉. 一株反硝化细菌的分离鉴定及其反硝化特性. 环境工程学报，2014，8（1）：366-370.

[17] S. Sanjeev Kumar, M. Santosh Kumar, D. Siddavattam, et al. Generation of continuous packed bed reactor with PVA-alginate blend immobilized *Ochrobactrum* sp. DGVK1 cells for effective removal of N, N-dimethylformamide from industrial effluents. Journal of Hazardous Materials, 2012, 199-200：58-63.